U0363074

清华

开发者书库

物联网

数据、安全与决策

[英] 约翰·戴维斯（John Davies）
[美] 卡罗莱纳·福图纳（Carolina Fortuna） 编

高志强 李曼 张荣荣 译

清华大学出版社

北京

北京市版权局著作权合同登记号　图字：01-2021-3330

翻译自 The Internet of Things：From Data to Insight by John Davies，Carolina Fortuna，ISBN：978-1-119-54526-2

图书在版编目（CIP）数据

物联网：数据、安全与决策/(英)约翰·戴维斯(John Davies)，(美)卡罗莱纳·福图纳 (Carolina Fortuna)编；高志强，李曼，张荣荣，译.—北京：清华大学出版社，2021.8
书名原文：The Internet of Things：From Data to Insight
清华开发者书库
ISBN 978-7-302-58366-0

Ⅰ．①物…　Ⅱ．①约…②卡…③高…④李…⑤张…　Ⅲ．①物联网—研究
Ⅳ．①TP393.4②TP18

中国版本图书馆 CIP 数据核字(2021)第 111150 号

责任编辑：曾　珊
封面设计：李召霞
责任校对：郝美丽
责任印制：朱雨萌

出版发行：清华大学出版社
　　　网　　址：http://www.tup.com.cn，http://www.wqbook.com
　　　地　　址：北京清华大学学研大厦 A 座　　　邮　　编：100084
　　　社 总 机：010-62770175　　　　　　　　　邮　　购：010-83470235
　　　投稿与读者服务：010-62776969，c-service@tup.tsinghua.edu.cn
　　　质量反馈：010-62772015，zhiliang@tup.tsinghua.edu.cn
　　　课件下载：http://www.tup.com.cn，010-83470236
印 装 者：天津安泰印刷有限公司
经　　销：全国新华书店
开　　本：170mm×240mm　印　张：11.25　　字　　数：227 千字
版　　次：2021 年 10 月第 1 版　　　　　　　印　　次：2021 年 10 月第 1 次印刷
印　　数：1～3000
定　　价：59.00 元

产品编号：088546-01

序
PREFACE

物联网(Internet of Things，IoT)是互联网发展的下一个阶段，将在许多领域改变商业和个人生活模式。物联网是指将车辆、环境传感器、交通传感器、服装、各类消费品等多种"物"接入互联网，并具备感知、通信、网络和产生新信息能力的技术体系。目前，物联网设备产生的信息已广泛应用于交通、智慧城市、零售、物流、家庭自动化和工业控制等领域。

物联网产生的大量数据可以直接流向计算机的分析处理模块，进而实现海量实时信息采集和数据洞察，以及自动化系统的智能化响应。

自20世纪90年代末"物联网"一词出现以来，其相关领域一直是备受关注的热点话题。物联网涉及全新的网络信息和通信技术，以及信息系统和物理世界之间的交互关系。物联网的愿景是：使世界上任何物理对象都可以被赋予测量和响应环境的能力，并实现任何对象或计算机系统间的数据通信。目前，这在技术上和商业模式上都是可行的，且是可实现的。

最近，物联网领域出现了一些新技术和社会经济驱动因素，因此，人们预测物联网将在未来5～10年得到快速发展。其中一个关键因素是物联网核心部件成本的不断下降——这些部件可以把万物变成联网设备。近期，Gartner公司指出，如果批量购买Wi-Fi发射器、GPS芯片或微控制器等组件，则其单价将降至1欧元以下。

另一个推动因素，是自然资源的有效利用正变得越来越重要——人们保持对成本和供应链安全，以及可持续性的关注。各国政府和组织机构也在积极寻求提高业务效率技术的解决方案。同时，城市化在全球范围内形成浪潮，尤其在自然资源有限的地区，城市化是推动社会发展的有效途径。因此，物联网在更有效地利用有限资源方面发挥着核心作用。例如，据估计，在2013—2030年间，交通拥堵将给英国经济造成超过3000亿英镑的损失。而物联网应用则可以提供智慧交通管理服务，并改善交通参与者的出行体验。因此，物联网在减少交通拥堵和环境污染方面潜力巨大。

从技术角度来看，物联网的泛在连接能力取决于低成本、易部署、可操作以及传感器、控制器和执行器性能的大幅提升。目前，网络接入技术发展迅速，一系列有线和无线接入技术已实现了广泛的网络覆盖。除了蜂窝网络和Wi-Fi网络，非常适合机器对机器通信模式的低功耗无线通信技术也进入了实际应用阶段。此外,在不久的将来,高带宽、低延迟的5G网络将广泛部署。同时,大量已建立的灵活计算基础设施(如云服务)可以在世界任何地区向用户提供按需部署应用程序。

如今,全世界已有大约15亿台个人计算机和超过10亿部移动电话连接到互联网。同时,物联网可以广泛地连接唯一可识别的新设备,这也极大地增加了联网设备的数量。一个经常被引用的观点是,到2020年,有250亿个"物体"连接于同一张"网"。这些新的联网设备可以使用Internet发布其状态数据,并接收来自其他设备和用户的数据。

简而言之,物联网大发展的时机已经成熟。

物联网应用具有3个主要特征:①从终端设备采集数据或向终端设备发送信息;②可以丰富数据在各种环境下的生成信息;③可以进行信息处理并触发适当行动。这些既是物联网价值链中的主要活动,也是数据安全分发、存储和计算处理的一般通用性要求。本书涵盖了支撑该价值链活动所需的所有主要技术,包括网络接入、安全、数据隐私和信任,以及一系列从物联网数据中提取有价值和可实现的人工智能等相关技术。

通过阅读本书,初涉物联网领域的读者可以结合一些基本信息通信技术(Information Communication Technology,ICT)知识,促进对物联网相关概念、组件、技术和应用领域的认识。对物联网有一定了解的读者将加深对物联网技术以及新应用领域的认识。

Tim Whitley 教授

(英国电信实验室总经理)

2019年3月

于英国 Martlesham Adastral 公园

致 谢

THANKS

感谢 Andrew Reeves 博士对书中许多章节的校对,感谢 Paul Deans 对图像设计所做的大量工作,以及 Marusa Mazej 为改善本书外观和可读性对相关图片的修改工作。

第 11 章和第 13 章是 NRG5 项目的部分成果,获得了欧盟 Horizon 2020 研究与创新计划的资助(编号:762013)。

推荐序

RECOMMENDATION PREFACE

　　本书由技术和应用两部分组成。在物联网技术栈部分,讲解了物联网接入技术、边缘计算体系架构、数据交互、流式数据处理、机器视觉、数据表示推理、众包等数据处理环节的各个方面,以及与物联网相关的安全、信任和隐私保护问题;在大量工业应用方面,重点介绍了物联网技术在医疗保健、能源、道路运输和空气质量等特定领域的应用方法。

　　本书在智慧医疗方面的案例讲解给我留下了深刻印象,尤其联邦式的医疗数据管理系统架构,可以兼顾用户数据采集、分析和隐私保护需求,是大数据时代数据应用与隐私保护的重要尝试。所涉及的数据安全技术、人工智能技术是一个持续开放的领域,相关领域研究人员可以不断深入研究。此外,智慧电网、道路空气污染的案例也极具社会价值和经济价值。因此,本书的一个重要特色是不拘泥于理论技术的讲解,而是以落地应用为导向,赋予物联网技术良好的应用生态。

　　本书的实用性很强,原著作者是物联网领域资深专家,因此,对物联网感兴趣的相关领域研究人员将可以从中得到所需的基础知识和前沿解读。本书的中译版作者之一李曼,曾在加拿大温莎大学计算机科学系攻读硕士学位,我是她的导师,现在我们仍保持着联系。她具有坚实的理论基础、严谨的工作态度,以及丰富的开发经验,因此,在收到做推荐序邀请时,我欣然接受了这项邀请。当我获得原著的全部内容,以及仔细阅读了译稿的样本后,我认为这是一部内容丰富、翻译流畅的好书,值得向广大中国读者推荐。

Jessica Chen 博士

加拿大温莎大学计算机科学系教授

译者序

TRANSLATOR'S PREFACE

"当今世界正处于百年未有之大变局。"人类正处在一个特殊的历史时期,新冠肺炎疫情的全球蔓延,正在推动世界百年未有之大变局的加速演进。

众所周知,世界大变局的动力正是由社会生产力的发展起着决定性作用,同时,科学技术变革带来的社会生产力深度革命会引发整个人类社会的巨大变革。目前,以人工智能、物联网、区块链、云计算、大数据、边缘计算、联邦学习、5G 通信等为代表的新一代信息技术,已成为引领科学技术和经济革命浪潮的重要力量。

其中,物联网及其相关技术从 1991 年英国剑桥大学特洛伊计算机实验室雏形诞生开始,到现在炙手可热的"人工智能+物联网"(Artificial Intelligence Internet of Things,AIoT),正逐步演进为面向未来的多维度复杂信息物理系统(Cyber Physical Systems,CPS)。尤其是随着物联网的数据、安全、决策等方面解决方案的不断提出,物联网已成为理论研究的焦点、应用实践的重点和社会发展的重要增长点。

本书主要涉及理论技术和应用实践两大部分。在物联网的完整技术栈中讲解了网络接入、边缘计算、数据平台、流式数据处理、机器视觉、数据表征推理、众包与人机回路、物联网安全、隐私保护,以及区块链等技术问题;然后,从医疗健康、智慧电网、道路交通与空气质量角度介绍了相关场景的应用案例,以期从技术和实践两个维度为读者构建起完整的物联网知识体系。

希望本书中的这样一种观点可以引起读者共鸣,"物联网(Internet of Things,IoT)是信息技术(Information Technology,IT)与运维技术(Operation Technology,OT)的深度结合",即

$$IoT = IT + OT$$

从 OT 的角度来看,物联网中各种类型终端设备已经具备了云端下沉的"边缘智能",已成为直面应用场景的智能"神经末梢"。从 IT 的角度来看,人工智能、联邦学习、区块链等技术正在被嵌入或部署于物联网环境,分布式的安全信息通信基础设施正在不断完善。因此,物联网中 IT 和 OT 的结合将有助于耦合物理世界和网络世界,形成具有非线性反馈的高度复杂的网络-社会-物理系统。此外,IT 安全强调信息本身的保护而不是运维流程的防护,而运维技术则依靠物理隔离来保证整个流程的安全。因此,"IoT=IT+OT"的融合将为物联网安全提供更广泛、更

全面、更多维的安全边界。

尤其,随着以深度学习为代表的人工智能技术和以边缘计算为代表的新型计算范式与物联网的深度结合,智能决策、数据安全与隐私保护的"最后一公里"正在被打通。因此,面向物联网的边缘智能,不仅可以提供一种将人工智能、安全防护部署于边缘计算设备的智能服务模式,更强调使物联网的关键边缘设备都具备数据采集、计算、通信、安全和智能决策能力,进而形成"云—网—边—端"的全链路分布式安全智能体系。

综上所述,希望能够通过本书中的大量案例,从架构、算法、算力、数据、网络、安全等角度对物联网以及智能物联网技术的思考与落地实践为读者提供思维启迪。

感谢本书的编辑,是你们的辛劳让本书可以顺利出版。

感谢本书的合译者,如果没有你们的协助,这本书的完成进度会大大延长。

感谢甘波、吴逸飞、莫焱博、邱鑫源在本书定稿前审校阶段的细致工作。

感谢我的妻子,为了完成这本译著,我占用了陪伴你的时间,在此深表歉意。希望我的每一个成果,都会化作朝着你所期待的方向落下的又一个坚实足印。乘风破浪,行稳致远。

感谢我的父母和所有家人,为爱而行,是动力,是责任,更是义无反顾的执着。

回想起在正式接到本书翻译工作时的心情,我很激动,也很欣喜,一是因可以与清华大学出版社合作而激动,二是因近期正在进行物联网、边缘计算、联邦学习、区块链等技术领域的相关研究,感到"恰逢其时"。同时,随着翻译工作的推进,也深深感受到本书原著作者及其合作者在物联网领域做出的大量贡献和有意义的工作。因此,希望本书的翻译成果可以为相关领域的国内研究者,以及原著的推广工作起到积极作用。同时,也希望我的团队在接下来的研究工作中可以"乘风破浪,披荆斩棘",厚积而薄发,如风清似云淡,行远自迩,笃行不息!

高志强

2021 年 8 月

于西安

目 录
CONTENTS

第1章

引 言

John Davies[1] *and Carolina Fortuna*[2]

1 British Telecommunications plc，Ipswich，UK   2 Jožef Stefan Institute，Ljubljana，Slovenia

注：“本章作者”的标注格式与原书一致。

由于物联网传感器和执行器已整合到各种各样的物理对象中，物理世界与信息系统的联系越来越紧密，从高速公路到心脏起搏器，从牛到跑鞋再到工厂，都可以通过一系列有线和无线网络技术连接到互联网。这样就形成了可以不断产生海量数据的物联网（Internet of Things，IoT），它既可以采集丰富的（实时）信息，为自动化系统可操作的洞察力提供支撑，也可以通过适当的智能操作响应动态环境。近年来，物联网已经从概念阶段迅速发展到现实世界的广泛应用阶段。

物联网将在未来城市、交通、卫生和社会保健、制造业和农业等领域产生重大创新。现在，低部署成本的传感器可以在更大的范围内探测整个物理世界。同时，为更充分地利用数据资源，人们越来越清晰地认识到开放数据资源的潜在价值。

从抽象角度来看，许多物联网应用是相似的——从一系列传感器和其他资源中采集信息，并在特定应用背景下进行数据处理和解释，然后通过更好的决策来改善某一行为或过程。例如，智能手表等可穿戴传感器装置有助于促进人类形成更加健康的日常生活方式。同时，商品追踪传感器可以帮助人们更好地了解商品供应链，优化商品成本，并使碳足迹最小化。而且，物联网在自动化和改进人造系统和行为方面具有独特潜力，可以实现前所未有的数据理解和洞察力。例如，以物联网数据为基础，最近在111个国家进行了一项关于体育活动和建筑环境对健康影响的全球性研究。

物联网自20世纪90年代末出现以来，一直是相关领域关注的热点话题。物联网概念从早期的射频识别（Radio Frequency Identification，RFID）技术演变而来，是利用硬件将日常物品与网络连接起来的重要突破。这或许是物联网的第一波浪潮，其发展超越了最初硬件领域的创新，并越来越专注于开发新型传感器和传感材料，以及开发新的通信技术和协议。因此，在21世纪初期，出现了各种各样的新通信技术,这些技术能够支持各种传感器的广泛部署,这也被称为物联网的第二波浪潮。

在过去十年中,物联网的重点已转移到数据采集、处理和安全方面,即物联网的第三波浪潮。如图 1-1 所示,本书主要聚焦于第三波浪潮,涵盖数据管理、数据处理、数据分析,以及数据安全、数据隐私、数据信任等关键方面。此外,本书给出了多个不同领域物联网技术的应用实例。

图 1-1　IoT 生态

1.1 物联网生态的参与者

通常,物联网技术的部署过程涉及大量参与者,这些参与者及其关系称为物联网生态。这些参与者可能具有一个或多个不同角色,包括传感器提供者、网络连接提供者、信息提供者、应用程序开发者、分析服务提供者、平台提供者,以及信息和应用的最终用户。

物联网生态的**信息提供者**通常是传感器的所有者,其传感器既可以供自己使用,也可以将一些数据提供给其他人,例如,商用、履行义务(尤其是公共部门机构),或者是为了公众利益。即使各种数据处理平台与"物"没有直接联系,但它们也可能是信息提供者,我们称之为衍生信息提供者。虽然它们不是任何信息的主要来源,但可以通过组合多个来源数据、转换或应用各种分析技术来创造更多价值。这些附加数据源可能包括背景(例如,地理、行政)信息、交通事故和体育设施使用情况等事件通知、罕见事件(例如,生产过程中的异常情况)。在高效的物联网生态中,信息提供者可以方便地发布服务或数据来源,并可以通过易于访问的目录宣传其可用性,以便潜在用户独立发现和评估其可用性。这种情况与现在常见的应用商店类似,可以提高应用程序的方便性和可用性。必须指出的是,提供数据并不意味着放弃所有权。因此,信息提供者还需要能够界定访问控制权限,以及使用其发布数据的条款和条件约束。

平台提供者在物联网生态中起着关键支撑作用。它们不直接提供信息或构建专用服务和应用,而是通过提供一系列所有人都可以使用的功能来支持其他参与者。这使得物联网生态中其他参与者能够专注于自己的核心活动,有助于加速物联网生态的创新发展。平台提供者可以提供计算和存储基础设施以及分析服务,包括人工智能的总结、改进、推理等能力。

每个平台提供者可以使用专业的硬件、软件工具以及通用框架,同时,最终用户可以利用这些框架来定义自己的工作流。例如,边缘或云服务提供商可以按需提供计算和存储资源,用户可以根据需要配置和修改这些资源。平台提供者通常是应用领域专家,可以为不具备必要系统、数据科学或分析专业知识的最终用户提供咨询等全面的服务。

应用程序开发者生成的应用程序可以处理特定场景中的可用数据,从而为最终用户提供可行见解。应用程序开发者可以发现哪些数据和平台资源可用、每个资源的关键特性和成本,并评估哪些资源能够满足所构建应用程序的需要。这包括资源的信息内容和资源的实际考虑因素,如可靠性(准确性、可用性等)、使用条件或商业考量。

终端用户可以是通过使用其他参与者信息和应用参与到生态中的个人,也可以是机构决策者。作为其他参与者所提供功能的最终受益者,终端用户的经验是积极的,物联网生态为其提供真正的价值也很重要。没有终端用户的信任,物联网生态将无法持续发展。

对于个人终端用户来说,物联网生态的参与通常是通过应用程序实现的。通常,此应用程序将会使用应用程序生成的信息,例如,移动电话上的应用程序经常将用户的位置作为数据源。同时,个人作为信息提供者的情况需要谨慎处理,特别是可能涉及个人身份或潜在敏感信息的情况。此外,在与终端用户进行公开接触时,确保其得到适当信息,并将其纳入物联网生态中也至关重要。

1.2　人类和物联网感知、推理和驱动的类比

与物联网一样,人工智能(Artificial Inteligence,AI)涉及了一系列广泛应用的重要技术。近年来,人工智能在许多领域取得了重大进展。由于物联网产生了大量丰富的数据,而基于这些数据,人工智能系统的分析、洞察(extract insight)和决策能力也不断增强。因此,物联网和人工智能不可避免地是相互联系的。如果不考虑与物联网的联系,关于人工智能作用和影响的任何讨论都是不全面的。因此,本书用大量篇幅讨论了人工智能在物联网中的作用。

物联网的愿景是,使数字系统具备感知、处理和提取有用信息的能力,以及可操作的洞察力,并可以对环境的改变做出响应(通常通过驱动)。从人工智能和机器人学的角度来看,可以对物联网感知/驱动和从外部环境接收输入的能力与人类的五种感官进行类比。如图 1-2 所示,外部刺激通过神经系统传递到大脑,然后,大脑对这些刺激进行处理。典型的输出结果是信息生成,在某些情况下也是行动的开始:大脑将命令传递给肌肉,然后肌肉就会触发动作或语言,或其他适当的反应。

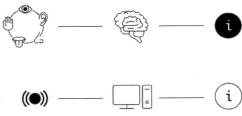

图 1-2　人类与物联网:感知、处理和驱动类比

依此类推,物联网中的“物”是检测外界刺激的感觉器官。例如,具有传声器的设备可以检测声音;具有气体传感器的设备能够检测到挥发性有机化合物等气体;具有摄像头的设备能够记录图像或视频;具有加速计的设备能够记录运动和振动等信号。

然后,可以在本地设备上处理感知数据(即物联网中“边缘处理”)或通过无线或有线技术将数据发送到数据平台(如图 1-1 描述的处理和存储引擎,例如,信息交换)。这个模型与将感觉器官所接受的刺激通过神经传递到大脑的方式类似。

接着,这些处理和存储引擎会处理所接收到的信息,并生成可操作的洞察力或其他类型知识。在更高级的应用中,系统还可以发起后续动作,例如,调整加热系统的设置、发送 Tweet 信息或启动控制工业过程的硬件。

物联网与人类处理和应对感知数据方式间的一个关键区别在于,人类的传感器和处理器位于相同位置,但物联网系统通常是分布式的(如图 1-2 所示)。几十年来,这种类比一直激励着研究人员和爱好者的工作,尽管媒体上有一些关于新技术的报道,但相关传感技术、机器人技术和人工智能技术仍然远远没有达到人类的水平。

1.3 物联网的可复制性和重用性

基于传感器的物联网应用有两大类:一类用于满足监测和响应对时延敏感的应用需求,另一类用于长期采集数据进行综合分析。无论哪种情况,所涉及的大部分时间和精力都花在了一般性活动上。而且,一些通用问题已经被解决,相关鲁棒性解决方案可以广泛共享。因此,在这样的环境中构建新应用程序是极为方便的。

物联网的一个关键技术特点是大规模运行(如许多设备、大量数据,以及不断增加的自动化范围)。由于组件成本不断降低和设备的小型化,更广泛地分享信息的潜力越来越大。如上所述,物联网生态由许多对特定类型信息有着共同兴趣的独立参与者组成,并可以从参与生态活动中获得利益。例如,可以作为信息或分析服务的商业提供者、应用程序开发者或最终用户。

通常,共享服务和设施往往需要以牺牲某种程度的直接控制能力来降低成本。就今天的全球通信网络(包括因特网)而言,通用服务的场景需求是非常强烈的。尽管仍有许多情况下首选私有基础设施服务,但云计算和云存储也正在被广泛接受。

物联网生态在激发和促进创新方面的潜力非常明显,因此,所有物联网参与者都需要对其价值抱有信心,并确信其可以满足需求,否则不可能形成一个可持续的物联网生态。物联网参与者关注的领域包括安全和信任、个人和商业权利的尊重、可靠性、性能、遵守法律和监管义务的能力,以及成本。此外,可预测性、简单性和灵活性也是其关注的重要特征。

1.4 总结

本书讨论了物联网的整个垂直技术栈,并着重讲解了数据聚合、处理、管理、分析和开发等方面的技术。

重要的是,我们还讨论了分布式信任、安全和隐私方面的最新发展。目前,我们正处在物联网发展的关键时期。虽然基于传感器、数据驱动的决策可能带来重大的商业利益和社会利益,但人们对数据滥用的担忧也愈发突出,恶意用户可能会滥用这些数据,导致意外行为,并破坏正常系统运行。

　　本书主要由两部分组成。第一部分,如前所述,按照物联网的完整技术栈,主要关注数据驱动所涉及的数据建模、处理和安全性。此外,还讨论了网络接入、隐私和信任的相关问题。第二部分的许多章节描述了大量工业应用,阐释了技术在实践中的应用方式,以及所带来的好处。

　　本书的第一部分由三个子部分构成。第一子部分由第 2 章和第 3 章组成,介绍了数据采集(网络接入)和计算基础设施。第二子部分,由第 4~8 章组成,讨论了数据处理的各个方面。最后,也就是第三子部分,即第 9~11 章,讨论了与物联网相关的安全、信任和隐私挑战。

　　更具体地说,第 2 章分析了物联网的接入技术,重点关注专用低功耗广域网和蜂窝网技术。实现低功耗通信可能是物联网设备面临的最重要挑战,因为这些设备通常采用电池供电。第 3 章介绍了新兴的边缘计算体系架构和技术,涉及边缘计算,以及大规模设备生命周期的有效管理挑战。

　　第 4 章讨论了物联网数据平台和数据互操作性的必要性,以便来自不同物联网系统的数据能够更容易地进行集成开发智能决策系统,从而最大限度地提高物联网数据价值。第 5 章重点介绍支持流式数据处理的体系架构和新兴技术。物联网在多个应用领域的部署,尤其是关键系统的故障检测需要为报警和决策提供实时的洞察力,这意味着需要专门的流式数据处理系统。第 6 章描述了计算机视觉在物联网中的重要作用,特别是在无人机操作场景中,可以使用轻量级智能计算模型。第 7 章介绍了物联网的结构化知识表示和推理技术,展示了在物联网中应用符号化人工智能的适用性。第 8 章概述了人类在众包物联网数据采集以及人工智能算法数据注释和标记中的作用。

　　第 9 章讨论了物联网世界的安全挑战,并提供了防止意外事件的一般性指南。第 10 章回顾了与特定类型物联网数据(如医疗领域)相关的数据隐私标准、法规和技术。第 11 章将分布式账本技术(即区块链)视为物联网生态中信任的使能因素。

　　本书的第二部分包括三章,重点介绍物联网技术在医疗保健、能源、空气质量和道路运输等特定领域的应用。第 12 章阐述了物联网数据表示、互操作性和隐私性在医院综合数字基础设施中的重要作用。第 13 章展示了物联网技术的应用,以及新兴智能电网能源系统对信任和实时数据处理系统的需求。第 14 章讨论物联网在优化道路运输以改善空气质量方面的作用。

　　本书最后讨论了物联网和相关技术的未来前景。

参考文献

第 2 章

万物互联：接入网

Paul Putland

British Telecommunications plc，Ipswich，UK

2.1 引言

　　本章将讨论物联网的网络接入技术。首先，对物联网所连接"物"的范围，以及多种不同类型设备的网络接入需求进行了讲解；其次，分别描述了现有网络技术是如何支持这些设备并同时满足其连接需求；最后，详细介绍了一些专门为物联网而开发的新兴网络技术和功能。

　　通常情况下，物联网设备间的连接是通过接入网（Access Network，AN）实现的，即利用通信网关将往返于传感器或边缘设备的数据传输至回程网络（Backhaul Network，BN）。由于可连接的终端设备涉及一系列潜在的用例和应用场景，其数量和复杂度极为巨大，因此，为更好地了解接入网概念，有必要先了解"物"一词的范围。同时，物联网解决方案中使用的设备和传感器种类繁多，不可能仅通过单一网络技术就将所有潜在设备连接起来。取而代之的是一系列可以满足特定需求的技术和网络方式，但没有适用于所有场景的唯一"最佳"解决方案。为了理解特定环境中网络接入技术的选择方式，必须先了解网络接入的关键性决定因素。我们将首先研究决定网络选择方式的关键需求，然后简要地介绍现有网络功能是如何满足这些需求的，最后更深入地探讨了一些专门为解决物联网需求而开发的新型网络技术。

　　传统通信网络承载的服务可分为两大类：语音和数据。其中，语音服务的主要需求是低时延，对数据速率要求不高；而基于数据的通信对延迟和数据速率都有一系列要求。从本质上讲，物联网是数据网络，但不同的是，目前的数据网络主要为传统多媒体通信而设计。此外，就连接设备数量而言，物联网的规模明显大于最初基于传统网络而规划的人工操作设备（例如电话）规模。在设计或选择合适的

物联网技术时,所需考虑的关键因素包括:

- 数据速率。需要传输的数据量以及传输的频率为多少?物联网的数据传输速率最高可接近高清摄像机的实时视频流,也可低至智慧停车所需的传感器,而且数据速率只需每日 20 次或更少,每次仅需少量比特。
- 电源供给。在上述视频流场景中,摄像机需要持续供电以维持自身工作及支持网络连接,而埋在路面下的智慧停车传感器仅需一小节电池便可维持数年。虽然这两个例子中电源需求范围差异较大,但可以知道,高吞吐量设备对电源需求较高,而那些几年内才能耗尽电池的设备只适用于低数据宽带及吞吐量的场景。因而不同需求场景需要不同的网络支撑技术。
- 通信范围。通信范围的实际应用案例不尽相同,既可以是短距离(例如,家庭、办公室、汽车和工厂)场景,又可以是长距离的城市区域网络、深入建筑物内部的信号覆盖,或农村场景(例如,农业)。
- 成本。出于商业模式的需要,为使设备和传感器的部署和运营在商业上可行,大量实际案例需要低成本的模块和网络技术。因此,成本是物联网实际部署的关键因素。

从物联网所需的新型数据传输基础设施以及四个关键因素出发,下面将继续分析成熟的传统网络技术以及新兴的物联网专用技术。我们还将讨论和说明设计过程所采用的折中方案(Trade-offs),并重点关注面向物联网需求的新兴技术。

2.2 接入网概述

一些现有的有线和无线网络技术可以支持部分物联网需求。如图 2-1 所示,短程、节能、高数据速率的物联网需求可以通过无线个人局域网(Wireless Personal Area Networks,WPAN)来实现,涉及蓝牙和 ZigBee 等技术。中程、高数据速率的物联网需求可以通过无线局域网(Wireless Local Area Network,WLAN)来实现,这涉及 Wi-Fi 或以太网等技术。远程、节能和低数据速率的物联网需求可以通过新型低功耗广域网(Low-Power Wide Area Networks,LPWAN)实现,而蜂窝网络可以提供远程灵活的数据速率。

现有物联网使能技术

以 ZigBee/IEEE 802.15.4、蓝牙和 Wi-Fi/IEEE 802.11 为代表的中短程无线网络技术适用于设备靠近接收网关的场景,例如,可穿戴设备、家庭、办公室、汽车和工厂等。此外,诸如 ZigBee 之类的短程通信解决方案可以融合形成更长距离的网络,并指定一个主控制器每隔一段时间连接到其他网络。在这两种情况下,一旦数据到达路由器/集线器,就将数据传输到回程网络。

部分基于专有封闭协议的 Mesh 网络技术可以用于物联网场景,但由于每个

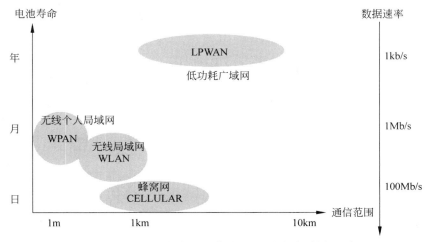

图 2-1　不同网络技术的通信范围、电池寿命、数据速率

节点都必须连续扫描传入的消息,然后重新传输到下一个节点。因此,这种耗电模式只能在有源节点上部署。一些智慧路灯可使用 Mesh 网络作为解决方案,因为每个灯柱都有可用的电源,而且灯柱之间的距离相对较近。

国际标准化组织第三代合作计划(3rd Generation Partnership Project,3GPP)倡导的蜂窝(2G/3G/4G)网络可以提供中到远程网络通信能力。最初,蜂窝网用于语音通信,随后用于数据通信,而在下一代(5G)蜂窝网技术中可以满足包括物联网在内的多样化应用需求。

卫星通信正成为远距离通信连接的重要力量,适用于极地或海洋等偏远地区的监测,并广泛用于 GPS 的定位服务。但由于成本昂贵和电量消耗大,卫星通信通常应用于紧急情况或极特殊场景。

有线网络也可以用于物联网。例如,可将闭路电视(Closed Circuit Television,CCTV)摄像机视为物联网设备。在 CCTV 网络中,数据被发送到中控平台,随后由应用程序和分析软件进行后续操作。此外,在零售商店环境中,可以通过有线网络连接的传感器跟踪、测量用户在商店中的活动,并测算其停留时间。

然而,现有网络技术无法满足 2.3～2.4 节即将提到的两个物联网应用领域,进而催生了专门为物联网而设计的新技术,本章的其余部分将重点介绍这些领域和技术。其中,第一个领域以支持远程、低数据速率、低功耗设备为主;第二个领域则以超低延迟/高吞吐量场景为主,例如,需要与环境交互的自动驾驶,或者以远程手术为代表的人机实时交互场景。

2.3　低功耗广域网

低功耗广域网技术适用于需要远程通信、低功耗的终端设备,这类设备数据速率较低,而且需要在城市或建筑物中大规模密集部署。像蓝牙、Wi-Fi 和 ZigBee 等技术无法提供其所需的远距离通信，而且，标准的蜂窝式机器对机器（Machine to Machine，M2M）网络的成本过高，能耗过大，其电池无法维持多年。

在低功耗广域网领域中存在几种竞争性技术，下面将简要介绍一些关键准则。第一个准则是频谱频率的选择，即关于使用授权频谱还是未授权频谱，以及如何使用的问题。其中，授权频谱归移动运营商所有，而且该技术对标准高度依赖。由于新标准的制定需要相当长的时间，因此，尽管相关标准机构正在为移动运营商开发支持低功耗广域网的新标准，但物联网最初的尝试是采用未授权频谱，这不仅降低了接入门槛，也提升了其免费的成本优势。

无线网络的通信范围主要由两个因素决定：发射机的输出功率和所使用无线电频谱的频率。对于固定的输出功率，较低的频率有利于传播距离更远，因此，一般而言，低功耗广域网技术倾向在较低频率下工作（通常低于 1GHz）。相比之下，Wi-Fi 的工作频率是 2.4GHz 和 5GHz。

从商业化角度讲，要使技术及应用生态得以发展，并让供应商将设备销售到规模化市场，其中一个关键因素是在指定频段内获得覆盖大面积地理区域的频谱。在全球范围内，美国的 Ingenu 公司使用 2.4GHz 频段，但大多数解决方案都在小于 1GHz 的频段内实现远程覆盖。在欧盟，有一个 868MHz 的可用频段，即所谓的工业、科学、医学频段（Industrial，Scientific，Medicine，ISM），而在美国，有一个类似的 915MHz 频段。利用这些频段，一些竞争性技术已经得到了很好的发展，例如 Sigfox、LoRaWAN 和 Weightless 等。

尽管这些频谱是未授权的，但仍然受规则约束，任何系统都必须在当地监管机构设定的条件下运行。由于这是共享频谱，任何单一设备都不能独占网络，并且需要采用各种方法来实现频谱的公平合理使用。有些协议使用"先听后说"（Listen then Talk）的方法来避免冲突，但这会影响电池寿命。因为，其他终端设备只能发送并等待确认，如果没有收到确认，则设备会根据预设算法重新发送信号。此外，各地监管机构也会设定一些限制，通常涉及占空比和输出功率。在英国，这些限制由通信管理局（Office of Communications，OfCom）管辖，尽管有些情况会因实际条件而有所不同（例如，使用的确切频率，或者设备是网关还是传感器），但其限制包括 868MHz 频段的最大输出功率（14dBm）和占空比（设备可以传输的时间量）上限为 1%。

由于这些规则对消息传输数量的限制，加之共享频谱造成的消息传输冲突或干扰，使得未授权频谱的适用范围仅局限于一些对绝对服务质量要求不太高的用例中。例如，在一个拥有 500 个车位的大型停车场中，每天错过一到两辆车的到达或离开并不意味着整个服务体系的失效。但如果服务质量是特定场景的关键要素，那么建议首选授权频谱。

在功耗方面，有几种方法可以增加电池寿命。对于无线信号发射器，其电能消耗主要用于发送数据，因此，其节能方法可以使用异步协议，在该协议中，终端设备可以在关闭无线设备电源的情况下长时间休眠，不需要不断与网络交互。远距离物联网（Long Range，LoRa）技术就使用该节能方法。另一个关键因素是发射电流为无线设备供电。蜂窝调制需要一个线性发射器来进行调制，并且比非线性调制系统（如 LoRa）需要更大的功率。

另一个准则是在给定输出功率和频谱选择的约束下使通信范围最大化。一般来说，这是通过降低数据速率来实现的。链路预算（Link Budget）是传播损耗和接收器灵敏度的函数，低功耗广域网技术的接收器灵敏度较高，约为 -130dBm，而现有蜂窝技术的灵敏度为 $-110\sim-90\text{dBm}$。由于分贝（Decibel）属于对数尺度，这种灵敏度差异相当于是否能够检测到弱化 10000 倍的信号。为获得较高的接收器灵敏度，可以设置一个较低的调制速率。因为，信息论指出，每比特能量由被接收消息的概率决定。如果将调制速率降为二分之一，则在相同的输出功率下，每个比特能量将变为原来的两倍，从而，接收器的灵敏度翻倍（增加 3dB）。正因如此，接收器灵敏度是实现大范围通信的关键因素。相比于普通蜂窝系统，低功耗广域网技术具有非常低的数据速率。

实际频谱的使用也存在差异，例如，使用超窄带或扩频技术。超窄带（Ultra-narrow Band，UNB）系统利用少量频谱传输信号（通常小于 1kHz），特别适用于少量数据传输。链路预算随着功率谱密度（Power Spectral Density，PSD）的增加而增加，因此，由于发射功率只使用少量的频谱，UNB 系统的 PSD 有所增加。如果终端设备移动过快，UNB 系统会面临巨大挑战，因为多普勒效应会导致比信号带宽更大的频率变化，使得信号的检测和解调更加困难。Weightless 和 Sigfox 就是 UNB 系统的两个典型技术。

扩频是一种将传输信号的频谱扩展到较原始频率更大带宽上传输的技术，通常使用约 125kHz 的频谱。其主要目的是减少干扰，并提高安全性。当带宽上的所有信号都被处理后，原始信号才能检测到。这既增加了安全性，又带来了处理增益。处理增益（Processing Gain，PG）的定义为用于发送信号的带宽与原始信号带宽频率的比率。在一些低功耗广域网络系统中，信号噪声比可能为负，这意味着信号低于噪声下限，但接收器端的处理增益意味着只要想明确地寻找该信号，那么就可以检测到它。例如，LoRa 使用 chirp 扩频技术。

频谱的使用数量也会影响噪声。因为噪声随机散布在所使用的频谱中，所以 UNB 系统具有比宽带技术噪声低的优势，而且其信噪比为正。然而，在具有大量频谱的扩频系统中，高噪声阈值被处理增益抵消，并且该系统可以在负信噪比下工作。由于需要更多的带宽来传输信号，扩频系统的频谱使用效率较低，特别是当目标为最大化给定频谱中发送的数据量时，问题尤为突出。尽管使用授权频谱的通信系统对频谱利用率进行了优化，但其频谱成本可能高达数亿或数十亿英镑，这对终端设备的成本和功耗造成较大影响。相比之下，一些使用未授权频谱的低功耗广域网络系统已经优化了终端设备，可以降低成本和延长电池寿命，但却以牺牲频谱利用率为代价。

目前已经出现了一些低功耗广域网络技术,下面讨论其中的一些关键技术。

2.3.1 远程低功耗广域网

远程低功耗广域网(Long-Range Low-Power Wide Area Network,LoRaWAN)基于 Semtech 公司的 LoRa 协议——该协议运行于物理层。LoRaWAN 涵盖了一系列更高级别的协议,可以保证不同供应商的调制解调器、网关、网络和应用服务器等设备能够进行互操作,并且由 LoRa 联盟指定——该联盟是由多个组织建立的一个非盈利协会,旨在标准化和推动全球对 LoRaWAN 的应用。LoRa 是一种使用 chirp 调频调制的扩频技术。根据不同需求和覆盖范围,LoRaWAN 支持不同的扩频因子和带宽。较高的扩频因子支持最大的通信范围(具备最佳接收器灵敏度),但会以较低的数据速率和较长的空中停留时间(较短的电池寿命)为代价。其规范文档中提供了不同的可编程带宽,在这种情况下,需要权衡的是,较窄的带宽可以提高接收器灵敏度,但需要更长的空中数据传输时间,因而缩短了电池寿命。LoRaWAN 有三种类型的设备,分别命名为 A 类、B 类和 C 类。其中,C 类是指具有连续电源的设备,但大多数设备都属于由电池供电的 A 类。LoRaWAN 是一种异步协议,这意味着终端设备可以控制何时发送数据,以及何时可以睡眠。相比于其他同步技术,异步技术可以延长电池寿命,因为即使在没有数据发送时,同步通信设备也必须定期保持网络连接。

2.3.2 Sigfox 低功耗广域网

Sigfox 是另一种低功耗广域网技术的解决方案,以拥有该技术的 Sigfox 公司命名。Sigfox 采用基于窄带(200kHz)频谱信道的方法,具有远距离通信和低噪声的优势,但数据传输速率极低,仅为 100b/s。因此,Sigfox 特别适合于低数据量消息,其上行链路消息的有效载荷限制为 12 字节,并且设备将在空中平均运行 2 秒以传输整个帧(共计 26 字节)。Sigfox 混合使用差分相干二进制相移键控(Differentially Coherent Binary Phase Shift Keying,DBPSK)和高斯频移键控(Gauss Frequency Shift Keying,GFSK)调制,每条消息的宽度为 100Hz。Sigfox 依靠跳频算法来传递信息,每条消息在每个设备上用三种不同的频率发送三次。

2.3.3 Weightless 低功耗广域网

另一种低功耗广域网技术是 Weightless,由三种协议组成。最初的版本是 Weightless-W,采用名为 Neul 公司[①]开发的 TV Whitespace 技术。作为补充,第二种协议是基于 NWave 技术的未授权频谱窄带协议 Weighless-N。第三种协议

---

① Neul 公司在 2014 年被华为公司并购。

是源自 M2COMM 公司贡献的 Weighless-P 变体。值得一提的是,Ingenu 公司也是这一领域的供应商,与其他公司不同的是,该公司的技术在 2.4GHz 频段内通信,因此可以在全球范围内运营,不会因地区差异而发生任何变化。

此外,在未授权频谱中,低功耗广域网技术的主要性能数据如表 2-1 所示。

表 2-1 未授权频谱的低功耗广域网技术的主要性能数据

		LoRa	Sigfox	Weightless	Ingenu
带宽		125～500kHz 间变化	200kHz	12.5kHz	1MHz
近似上行链路峰值速率		50kb/s	100b/s	100kb/s	150kb/s
近似通信范围	农村地区	1～4km	1～6km	1～4km	1～3km
	城市地区	上限为15km	上限为30km	上限为15km	上限为10km

2.4 蜂窝网技术

物联网的其他主要网络技术由使用授权频谱的移动网络运营商提供,并基于行业标准(3GPP/GSMA)执行。以下几种标准可用于支持物联网设备:

- 扩展覆盖范围——全球移动通信系统(Extended Coverage Global System for Mobile Communication,EC-GSM)。这是一个针对物联网而优化的 GSM 网络,可以部署在现有的 GSM 网络中。尽管该标准可以通过软件升级的方式在现有 2G、3G 和 4G 网络中部署,但其他技术,如本节后续部分讨论的技术,将在大多数地理区域占据主导地位。

- 窄带物联网(Narrow Band Internet of Things,NB-IoT)也称为 LTE-M2。NB-IoT 是基于 LTE 标准的子集,下行链路使用正交频分复用(Orthogonal Frequency Division Multiplex,OFDM)技术调制,上行链路使用 SC-FDMA。NB-IoT 旨在降低设备的功耗,并提高系统容量、频谱效率和通信范围,相比于 GSM,其链路预算提高了 20dB。顾名思义,这项技术工作在非常窄的频段(200kHz),并且可通过保护频段或专用频谱与 2G、3G 和 4G 移动网络共存。该技术集成了移动网络的特点,如安全性、认证网络、数据完整性和移动设备识别等。NB-IoT 是一种同步协议,即设备需要定期与蜂窝网络进行同步。这种常态化连接会消耗电能,从而缩短电池寿命,因此,尽管 NB-IoT 可以提供较长的电池寿命,但其电池效率不如 LoRa 等异步协议高效。然而,在低延迟或更高数据吞吐量的场景下,NB-IoT 确实比 LoRa 有优势。

- LTE-M 也称为 LTE-M1 或 CAT-M1,从本质上讲,这是为物联网应用而构建的第二代 LTE 芯片(继 Cat-0 之后)。相比于 NB-IoT,该技术具有更高的吞吐量和更低的电池寿命,但该芯片组的成本更高。其最大系统带宽为

1.4MHz(不同于 Cat-0 的 20MHz),并且在需要更高带宽和/或支持语音呼叫能力的低功耗广域网络场景中有特殊应用。例如,在电梯中,数据链路首先需要传输警报,然后需要支持语音呼叫。如表 2-2 所示,LTE-M 与现有的 LTE 网络兼容,这意味着网络部署和更新主要为软件升级,因此相对便宜。

表 2-2　授权频谱的低功耗广域网技术的性能数据

		EC-GSM	NB-IoT(Cat-NB1)	Cat-M1(LTE-M/eMTC)
部署选项		带内 GSM	带内 LTE 或保护频段	带内 LTE 频段
带宽		200MHz	140MHz	1.4MHz
近似峰值速率	上行	20kb/s	20kb/s	375kb/s
	下行	20kb/s	20kb/s	300kb/s

新兴的 5G 蜂窝网技术

另一项新技术是 5G[①],这一术语涉及下一代(第五代)蜂窝网络技术。5G 网络的使能技术包括:

- 安全模块演变为嵌入式用户识别卡(embedded Subscriber Identity Module, eSIM),即在制造过程中直接将 SIM 卡连接(焊接)到设备的电路板中。对于设备来说,不再需要更换 SIM 卡,这比过后安装 SIM 卡更便宜,并可以通过避免使用连接器来提高可靠性和安全性;同时,因为可以远程配置 eSIM 卡,在更换移动运营商时,无须物理地更换 SIM 卡。
- 需要更多的频段来支持更高的带宽。
- 从专用网络硬件到网络功能虚拟化(Network Function Virtualization, NFV)的迁移,意味着网络功能可以更多地通过运行在通用硬件上的软件来实现。
- 将一些功能下沉至靠近网络边缘的位置,以降低时延敏感型服务的延迟。

5G 的目标是通过这些新技术使 5G 网络能够快速部署或完善,以支持一系列不同的应用场景。因为,在通常情况下,5G 网络的关键功能可以通过改变通用服务器上的软件配置来实现,而非专用网络硬件。以网络切片为例,可以利用虚拟化技术创建支持多种不同需求的逻辑网络切片,而无须更改底层的物理基础设施,即从一个物理实体上创建"多个虚拟网络"。这些不同的网络切片可以专用于支持同一公共物理基础设施,并提供满足不同服务级别协议(Service Level Agreement, SLA)、延迟、安全性或可靠性要求的应用服务。

---

① http://www.3gpp.org/release-15。

5G 网络的关键使能场景包括：

- 增强型移动宽带（enhanced Mobile Broadband，eMBB），可为移动设备提供更高的数据速率，以支持诸如超高清视频、虚拟现实、交互式游戏之类的用途。
- 超可靠低延迟通信（Ultra-Reliable Low-Latency Communications，URLLC），适用于服务质量和低延迟要求高的场景，如工业自动化、远程手术、交通安全和控制以及自动驾驶等领域。
- 大规模机器类通信（massive Machine Type Communications，mMTC），可支持未来海量的设备连接，具体可面向智慧家庭及楼宇、智慧农业和资产跟踪等业务。

从物联网的角度来看，后两个场景是其主要关注点。

超可靠低延迟通信场景涉及低网络延迟（<10ms）的业务需求，例如，自动驾驶、工厂自动化和远程手术等，而大规模机器类通信场景中需要密集部署大量设备（每平方千米高达 100 万个连接），以及长达 10 年的电池寿命，这类业务涵盖资产跟踪、智慧楼宇和智慧农业等应用。

为了支持这些灵活和敏捷的可编程性需求，5G 网络具备新的网络功能，例如网络切片和虚拟化技术。网络切片允许在共同的物理基础设施上构建多个专用于不同服务和服务类型的逻辑网络，并可在切片间建立不同的操作模式，如安全性、可靠性或延迟等。同时，切片间的隔离可以实现更高的可靠性和过载控制。网络功能虚拟化技术可以支持运营商通过软件重新配置，使用相同的物理基础设施快速轻松地满足一系列不同的网络要求。

图 2-2[①] 描述了不同远程连接技术的相对成本和服务质量。低功耗广域网络

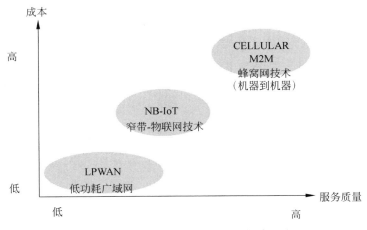

图 2-2　各种网络技术的成本和服务质量对比

---

① 译者注：英文原著在此处图片标号引用有错误，故在此修改校正。

技术通常提供成本效益最高、服务质量最低的解决方案,例如 LoRaWAN、Sigfox 和 Weightless。NB-IoT 技术可以被归纳在 LPWAN 序列下,将其单独列出来是因为使用授权频谱可以提供更高质量的服务,但成本也会随之提高。最高质量的服务来自传统的蜂窝网技术,但这以牺牲成本(功耗)为代价。

2.5　总结

　　物联网的出现以及随之而来的海量设备连接需求,推动了物联网网络接入技术的迅猛发展。

　　本章讲解了适用于物联网数据传输的当前和新型的多种网络接入技术,每种技术在成本、质量、可靠性、功率、通信范围和数据量等方面均具有不同的特性。因此,特定场景下网络接入技术解决方案的选择应基于更细致的分析,尤其要考虑服务质量和成本间的权衡。

参考文献

第 3 章

边 缘 计 算

Mohammad Hossein Zoualfaghari[1], Simon Beddus[1], and Salman Taherizadeh[2]

1 British Telecommunications plc, Ipswich, UK

2 Jožef Stefan Institute, Ljubljana, Slovenia

3.1 引言

如今,Amazon、Google 和 Azure 等超大规模云计算服务商为物联网数据的存储、处理和分析提供了高性价比的解决方案。云服务的经济性依赖于数量有限且远离物联网终端设备的大型数据中心。这种云服务运作模式适用于网络数据丢包、延迟和失真不敏感的云计算应用,例如,网页浏览和电子邮件等。

边缘计算模型为需要预测网络可靠性、安全性和低数据处理延迟的应用提供了解决方案,实现了靠近传感器、传动装置、物联网设备和用户等资源的数据处理。这种托管模式可以缩短传输距离、降低网络延迟,并且在许多情况下可以降低解决方案的复杂性,从而为客户和终端用户带来更好的服务。例如,边缘视频分析处理可以减少视频数据传输到云端的需求,从而降低网络负载。

由于边缘资源通常位于私有网络中,因此,在考虑数据隐私控制和重要任务应用的可靠性等因素时,可以选择边缘计算模式。另外,边缘计算的本地处理可以显著减少广域网流量,尤其在当广域网连接成本高昂或覆盖稀疏时,这可能成为主要因素。

按照惯例,边缘计算可以托管工业、零售和物联网应用的关键业务。随着网络安全功能虚拟化的出现,边缘计算可用于托管虚拟网络功能(Virtual Network Functions,VNFs)和安全功能。此外,边缘计算的独特位置还支持物联网安全性和虚拟网络功能。该场景下,边缘设备或终端可视为小型私有云。

实际上,边缘计算设备既可以紧邻用户,也可以位于接入网附近的通信服务提供商(Communication Service Provider,CSP)的网络边缘。其中,位于消费者附近的设备通常专用于特定消费者,而在通信服务提供商范围内的基础设施则由许多用户共享。

通常,边缘计算设备基于工业化功率控制和刀片系统的 X86 架构,而基于精简指令集(Advanced RISC Machine,ARM)的设备性能较低,如流行的 Raspberry Pi,BeagleBoard 和 pcDuino3 Nano 等。

3.2 边缘计算基础

如图 3-1 所示,边缘计算的部署通常包括 4 部分:

- **IoT 设备**。包括一些简单的网络设备,例如,靠近数据源或控制接口的传感器和传动装置。物联网设备中大量的传感器、传动装置和物体,可以通过多种接口连接到用户边缘设备。例如,边缘计算应用场景中的 3G、4G、5G、Wi-Fi、PCIe、USB 或以太网。
- **用户边缘设备**。这些设备从 IoT 设备接收数据,并向其发送指令。用户边缘设备提供有限的本地存储、处理和网络功能,并可以安装在用户或通信服务提供商的范围内。每个用户边缘设备可在其传输范围内为传感器和传动装置提供无线接入服务。在网络边缘,用户边缘设备可以提供传感器数据的获取、收集、过滤、规范化服务,以及传感器和传动装置的指挥或控制功能。
- **移动边缘计算(Mobile Edge Compute,MEC)**。这些服务器能够降低传输成本,并在计算卸载服务中提供快速的交互响应。相比之下,部署在骨干网的传统云服务资源具有海量的计算能力,而 MEC 服务器则资源受限。因此,MEC 服务器专注于数据聚合、压缩和转换工作。
- **集中式 IoT 云平台**。可以为 IoT 场景提供强大的集中存储和处理能力,包括数据互操作和数据统一访问等重要能力,相关细节将在第 4 章中进行讨论,同时还支持 IoT 设备的远程管理功能。值得注意的是,集中式云计算仍然是边缘计算模型的重要组成部分。无论私有云或公有云基础设施,以及 MEC 服务器都是相互补充、互惠互利、相互依存的服务整体。一些功能适合在云端执行,而另一些功能更适合在边缘端运行。

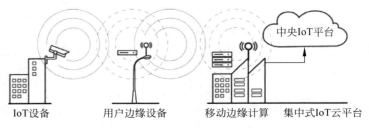

图 3-1　边缘计算的生态拓扑

3.2.1　边缘计算策略

由图 3-1 可知,边缘计算服务可以部署在用户域或通信服务提供商域中。因此,可以抽象出两种边缘计算的主要策略。

1. 用户域边缘计算(Customer Premises Edge Compute,C-PEC)策略

与用户域计算设备或用户资源附近的传感器、局域网(Local Area Network, LAN)和物联网终端相关。这种方式的特点是时延短(小于 10ms),单租户应用程序可在专用设备上执行,且计算负载适中。这种方式的好处是数据可以保留在本地,因此用户可以更好地控制端到端服务的安全性。与现有的云计算范例相比,C-PEC 策略是改进程度最高的物联网使能计算模型。该策略可以在更靠近数据生成端的传感器附近分析延迟敏感型数据,并在某些情况下减少网络通信流量。尽管这种边缘策略主要针对用户域应用,但可以应用于智能车辆或智能手机。例如,传感器附近的智能手机可以充当本地物联网数据的处理器。

2. 通信服务提供商域边缘计算(Communication Service Provider Premises Edge Compute,CSP-PEC)策略

与 CSP 域中的 MEC 服务器等计算资源相关,并且与 5G 场景下的 eNodeB 和无线接入网(Radio Access Network,RAN)有关。这种策略可视为低延迟云服务,使延迟敏感应用程序在传感器附近执行。这种方式的特点是低延迟(小于 20ms),终端设备可为多个租户运行应用程序,以及计算负载高。MEC 型系统的优势是具有大规模的计算设备,因此可以根据用户需求扩展云服务规模。相比于用户边缘域策略,部署在 CSP 域的资源需要更多的处理、存储和通信能力。

在某些情况下,上述两种策略是互补的。可以利用 C-PEC 解决方案对数据隐私和应用程序的完整性进行更高层次的控制。同时,在某些情况下,尤其是在工作负载变化时,大规模的云服务更为重要。此外,MEC 在汽车领域拥有大量的应用场景,汽车间可以通过 5G RAN 通信,并基于 MEC 应用程序进行动作协同。可以预期,未来这些方法将会共存,而且,MEC 将成为 C-PEC 使能方案中解决计算迁移问题的重要基础。

有时,由于工作量的急剧增加,计算能力有限的用户边缘设备会出现过载状况,需要将计算负载从用户边缘设备迁移到 MEC 服务器。因此,如图 3-2 所示,在某些情况下,计算负载可能会在连续的计算层之间卸载或加载。此外,边缘计算场景的高度动态环境可能涉及 IoT 设备在不同地理位置间的变换。在这种情况下,为降低边缘计算应用程序的延迟响应时间,需要将计算负载从一个用户边缘设备转移到另一个更靠近 IoT 设备的位置。因此,计算负载可以提供从一个节点到另一个节点的服务迁移。例如,在用户边缘设备或 MEC 服务器间的服务迁移。

与 MEC 服务器相比,用户边缘设备的存储、网络和计算能力有限。因此,用户边缘设备可以当作原始数据的网关,例如,在运行时对本地数据流进行过滤、编

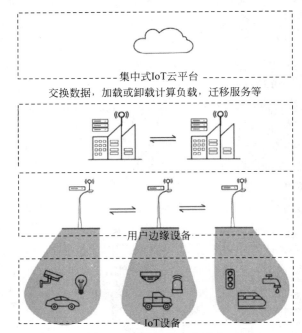

集中式IoT云平台
交换数据，加载或卸载计算负载，迁移服务等

用户边缘设备

IoT设备

图 3-2　边缘计算生态策略

码和加密。另外，MEC 服务器可以提供诸如数据压缩、聚合和转换之类的服务。此外，部署在云端的集中式物联网平台，能够提供承受大规模边缘计算的无限工作负载能力。

3.2.2　网络连接

边缘计算设备通常支持 WAN 和 LAN 等多种网络连接。

在 LAN 连接方面，边缘设备充当连接 IoT 设备的代理（集线器），通常支持 Wi-Fi、以太网、蓝牙、ZigBee 和工业系统的控制局域网总线技术（Controller Area Network，CAN）。在传感器物理连接方面，可以通过设备本身（例如 Raspberry PI）或支持 PCIE 的 GPIO 扩展卡提供通用输入/输出功能（General-purpose Input/Output，GPIO）。GPIO 连接器还允许将其他设备（如传感器或灯泡（Light-emitting Diode，LED））连接到控制板上。

在集中式 IoT 云平台连接方面，可以采用 WAN 连接的方式，并通过 3～5G 移动蜂窝网，xDSL 和 LORA 等技术实现。该技术路线中，目前正利用网络功能虚拟化（Network Functions Virtualization，NFV）和软件定义网络（Software-defined Networking，SDN）技术支持边缘节点（无论是 MEC 服务器还是用户边缘设备）与集中式 IoT 云平台间的数据迁移。这两种互补的网络技术是网络构建、设计和运维的最新方法。NFV 和 SDN 技术可以显著增强网络的管理和动态性。例如，当网络质量差时，可以动态更改边缘节点和集中式 IoT 云平台间的数据路径。

3.3　边缘计算构架

3.3.1　设备概述

C-PEC 边缘计算设备采用 X86 或 ARM 处理器架构,通常配有坚固外壳以满足部署在复杂环境中的需求。较小的双核和四核处理器足以满足室内环境下的 C-PEC 部署要求。但需兼顾托管 VNF 的边缘设备可能会使用八核或更多核心设备。此外,除了专用神经网络处理器和人工智能(Artificial Intelligence,AI)芯片,新一代图形处理器单元(Graphic Processor Units,GPUs)可以使边缘设备能够执行更复杂的实时 AI 处理和分析功能。

边缘设备主要使用 Centos 等 Linux 操作系统或 Wind River 等公司提供的安全加固 Linux 变种操作系统。后者通过修改操作系统内核来防止对设备的恶意攻击。为了处理和分析数据,边缘计算资源需要使用轻量级虚拟化技术,例如,便于服务开发、部署、实例化、终止和迁移的容器技术,这也是选择容器化技术(Container)运行 IoT 应用程序的主要原因。容器化对于边缘计算模型非常重要,因为它比传统隔离机制(如基于 hypervisor 的虚拟化)使用资源显著减少[①]。与虚拟机(Virtual Machine,VM)相比,容器具有更高的非侵入性和更少的虚拟化开销。与基于 VM 的虚拟化技术不同,容器不需要为每个容器实例启动操作系统(OS)。容器化管理技术示例包括 CoreOS、Kubernetes、OpenShift Origin 和 Docker Swarm。

MEC 设备更像基于云计算的同类产品,可以将多用户间共享的可用计算资源部署在具有多核处理器的刀片服务器中。这样,MEC 设备可以为用户提供包括多个虚拟机管理程序[②]在内的多种计算服务,并支持多种应用程序。因此,MEC 资源需要诸如 OpenStack 等更高级的基础设施管理工具,尤其因为 MEC 基础设施的计算环境是高度动态的,工作负载会随时间不断变化。例如,资源会在运行时更改状态,并且 IoT 设备有时会频繁变得可用/不可用或更改地理位置。

3.3.2　边缘应用模块

如前所述,应用通常使用容器进行发布,例如,Web 服务、IoT 和动态分析音/视频的特定用户服务。一方面,某些应用可以是专用的,例如,从本地传感器收集温度数据,并进行转换后发送到特定云服务提供商。另一方面,某些应用可以通过执行单个任务实现多种用途,如图 3-3 所示。信息代理应用程序可提供跨应用

---

① 与基于虚拟机的应用相比,使用容器技术后的计算量、内存和存储资源占用情况可降低为(10～20)分之一。

② 支持 VMware、KVM 和 XEN 虚拟机。

程序的互操作,并按需将信息存储并转发给多个云服务提供商。后续的应用样式将在 3.3.3 节讲解。

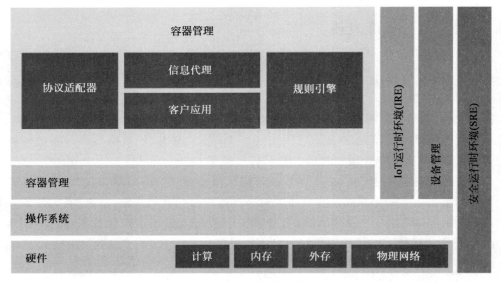

图 3-3　IoT 边缘架构

3.3.3　IoT 运行时环境

如图 3-3 所示,物联网运行时环境(the Internet of Things Runtime Environment,IRE)在容器管理层之上提供了附加功能,实现了多个 IoT 应用和外部端点之间信息流的远程管理。IRE 允许特定应用程序的链接,从而支持数据转换、上下文分析,并向其他系统的信息传递。

3.3.4　设备管理

设备管理功能包括初始设备配置和持续管理。设备管理的目标期望是仅使用一套操作系统和一个设备管理代理即可将设备运送到用户站点。首次启动时,设备将接入到 WAN 网络,并下载设备初始状态所需的软件和配置信息。设备管理组件可以远程获取设备、网络、应用程序状态、吞吐量和运行状况等信息,并可以远程启动、关闭和重启设备。

3.3.5　安全运行时环境

从定义角度讲,边缘计算设备必须支持大量物联网和虚拟网络功能应用。为此,边缘计算设备提供了丰富的计算、存储和多样的网络服务。然而,在边缘计算环境中的上述服务容易受到各类本地和远程恶意攻击。同样地,与从物理角度保护数据中心的计算资源不同,边缘计算设备位于更易受到物理攻击的暴露位置,例如,USB、无线和固定网络连接的攻击等。

为保护边缘计算设备,可以建立安全运行时环境(Secure Runtime Environment,SRE)。该组件本质上是一系列缩小被攻击空间的工具集合,包括身份访问管理(Identity Access Management,IAM)、安全启动、设备证明、基于硬件的可信平台模块(Trusted Platform Modules,TPMs)和可信任执行环境(Trusted Execution Environments,TEEs)等措施。例如,SRE可以保证:

- 仅运行可信容器和VM,例如,来自可信资源池。
- 只能从设备启动软件和配置升级,禁止从设备外部启动。
- 只有有限的可信任身份才能对计算、网络和存储资源进行访问。
- 保护关键配置数据(例如,设备证书和衍生证书)免受篡改。
- 安全启动机制与软件和硬件认证结合使用,以防止启动被篡改/更改的系统。

3.4　边缘计算方案实践

许多读者希望通过边缘计算解决方案实践,并建立原型系统来进一步拓展其知识。本节旨在满足学生或实验人员的实验需求,并聚焦于商业解决方案等成熟产品。

3.4.1　新手配置

对于学生和实验人员,建议使用Raspberry PI系列设备作为简单C-PEC解决方案的基础。Raspberry PI 3(RPI 3)具有支持物联网应用程序开发阶段所需的计算能力,支持连接传感器和传动装置的GPIO引脚,支持具备许多强大开发应用的基本Raspbian Linux操作系统。RPI 3具有1GB内存和ARM架构的四核CPU。在短时间内,新手即可完成简单的传感器应用程序,并在本地和云端发布数据。

3.4.2　开发工具

当开发直接在计算设备操作系统上运行的边缘计算应用程序时,有许多可供选择的开发工具。鉴于C-PEC的有限资源,以下工具或编程语言可供选择。

Python是Linux平台上常见的开源语言解释器,可以很好地访问网络、输入/输出(Input/Output,I/O)设备以及丰富的轻量内置数据格式化库。Google、NASA、Yahoo和CERN等许多大公司都在使用Python,并广泛用于边缘计算应用程序开发,例如,科学计算、信息安全、嵌入式应用程序、AI算法和Web开发。同时,Python在教育领域的垄断地位也确保了稳定的开发人员队伍。

NodeJS源自将JavaScript语言从Web浏览器端迁移到服务器端的理念。与Java之类的语言相比,这种开源代码运行时的环境具有占用空间小的优势。应当注意,由 Java 应用程序组成的容器实例都需要一些包,而且,Java 虚拟机(Java Virtual Machine,JVM)也会占用一定内存。

基于 NodeJS 的 Node-RED 是一种基于流的开发工具,专门用于编写 IoT 应用程序。它提供了易于使用的拖曳式开发环境,可以最大限度地减少 JavaScript 的编程工作。如图 3-4 所示,Node-RED 预先配置了消息队列遥测传输(Message Queuing Telemetry Transport,MQTT)协议和 GPIO 引脚(对于 RPI 3)的节点(或适配器)。MQTT 是一种轻量级的 IoT 信息发布/订阅传输协议,尤其适用于需要降低代码占用空间或着重考虑网络带宽的远程连接场景。

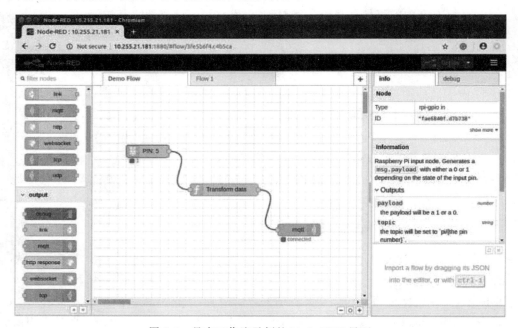

图 3-4 具有工作流示例的 Node-RED 界面

3.4.3 边缘计算构架

边缘计算框架(Edge Compute Framework)代表了针对 C-PEC 风格设备的下一波软件基础架构浪潮,尤其是针对物联网解决方案。这些现代框架的目的是为边缘计算设备应用程序的开发、操作和管理提供高度标准化的规范。进而提高软件的复用性、创新性、计算资源的利用率。一般来说,边缘计算构架支持的功能包含以下模块。

- **协议适配器**,协议特定的模块,可将传入的传感器数据或发出的传动装置命令转换为通用格式。例如,在进行相应配置后,Modbus 协议适配器可以用于读取或设置电机的每分钟转数(Revolutions per Minute,RPM)或转向。

- **信息代理**，一种板载数据存储模块，允许存储来自传感器、云端或其他模块最近接收到的数据。
- **规则引擎**，该模块用于根据预定义规则将来自其他模块的传入数据进行路由转发。例如，每小时将电机的 RPM 数据传送到云端，或者当转速超过 800rpm 时，立即将电动机 RPM 数据转发到云端。
- **专用用例**，开发人员制定的用于执行专业功能的模块，例如，视频分析模块通过处理传入的 MP4 或实时传输协议（Real-Time Protocol，RTP）视频流对道路上的车辆进行计数。
- **管理和安全性**，该模块负责 IoT 设备的系统注册、管理和配置。如图 3-5 所示，该模块通常还涉及身份管理、访问控制和软件堆栈证明等安全功能。

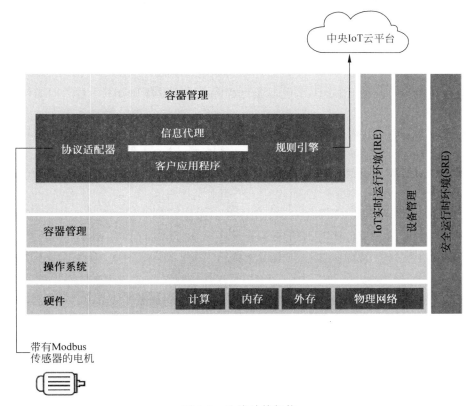

图 3-5　边缘计算架构

像 Azure 和 Amazon Web Services 等供应商提供了大量边缘计算框架。Azure IoT Edge 框架指定了一个边缘代理和一个管理代理，可以轻松映射到图 3-5 中的通用模块。AWS Greengrass 提供了一种不同的方法，使用其无服务器的 Lambda 计算框架来允许开发人员构建有效的计算解决方案，并且与 Azure 一样，它具有一个管理代理。开源的 EdgeX Foundry 项目定义了一个类似的 IoT 框架，它独立于云服务提供商,具备板载存储、规则引擎、协议适配器,以及向云和其他模块信息分发的功能。

3.5 零接触设备上线

如今,有超过 200 亿个联网设备,并且设备的数量不断增长。例如,据报道,制造业市场中的物联网规模以每年 29% 的速度增长。当这些边缘设备交付到用户端时,需要先由专家安装和手动配置,然后才能连接到网络。之后,还涉及常规的硬件和软件维护流程——不幸的是,所有维护过程都需要人工干预。

大量 IoT 边缘设备的部署使设备管理成为 IoT 平台提供商的重要问题。物联网平台提供商越来越希望改变当前的设备管理流程,这种劳动密集型且耗时的工作需要为每台设备或用户单独提供在线解决方案,并向在线自动化和远程管理转型。这将大大减少部署时间,减少人力资源需求,并降低安装所需的专业知识水平。

自动化在线设备面临的主要问题是远程建立边缘设备和 IoT 平台之间的初始信任,这就是安全设备上线的证明过程。如今,出现了可以实现零接触并确保物联网终端安全上线的前沿技术。Intel 公司的安全设备上线(Secure Device Onboarding,SDO)技术、思科公司的 aSSURE 和微软公司的 Azure Sphere 都是物联网安全领域的旗舰技术。英国电信(British Telecommunications,BT)集团的合作实验室正在研发一种新型边缘技术,可以远程、安全地建立信任关系,并完全自动化地证明 IoT 终端安全性。该解决方案中,当设备首次连接到网络时,将会自动、安全地以合法且完全可信的身份注册到集中式 IoT 云平台中,并按照如图 3-6 所示的流程立即在无线网络中实现安全的自我监控和远程维护(Over the Air,OTA),即零接触设备上线(Zero-touch Device Onboarding,ZDO)过程。

如图 3-6 所示,作为应用使能平台的一部分,设备引入了证明服务器和引导服务器两个新组件。在证明服务器与第三方交互的解决方案中,使用不同技术建立起各种供应商的 IoT 管理服务器与远程终端间的信任关系。引导服务器会根据其类型、资源、使用目的和其他功能自动为每个设备准备并封装必要的协议、固件、应用程序和设备管理代理。然后,经由服务器建立的安全通道,应用程序和配置信息会自动发送到原始设备上。

ZDO 支持许多新引入和常用的 IoT 标准,例如,开源移动联盟标准(Open Mobile Alliance,OMA)、基于约束应用协议(Constrained Application Protocol,CoAP)的轻量级机器对机器标准(Lightweight Machine to Machine,LWM2M)、用户数据包协议(User Datagram Protocol,UDP)、具备安全防护的数据传输层安全协议(Datagram Transport Layer Security,DTLS)。

基于此,设备在首次开机时会自动认证并接收所有必要的应用程序和配置信

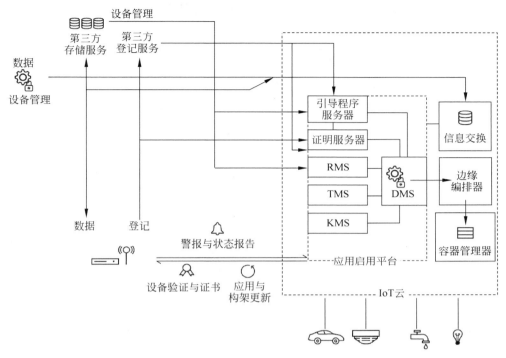

图 3-6　安全与零接触上线流程

息,并通过一组专用的协议和证书引导到相应的 IoT 终端。换句话说,原始设备开机并自动进行安全配置,并按预期开始工作,同时向相应的 IoT 平台报告。ZDO已在各种概念证明原型中应用,涵盖了 IoT 设备的整个生命周期。这包括:在制造商工厂中的构建过程、运送到配送中心、设备的购买和采购(物理和数字方式)、所有权链、零售、到达用户端、首次启用时自动配置、认证、引导程序(协议、固件和应用程序)、自动化设备管理和远程维护。为此,英特尔公司的 SDO 技术既可以运行在具有英特尔增强隐私 ID(Enhanced Privacy ID,EPID)芯片的 IoT 终端物理层(例如,芯片级安全),又可以运行于固件/软件。

3.6　边缘计算应用

边缘计算可以应用于从工业到零售、企业到智能家居的各种用例。以可解决集中式物联网问题的智能边缘相机为例,英国有数百万个用于监视道路上 2500~4000 万辆汽车车牌号的 CCTV 摄像机,因而面临着可以支持大流量的网络基础设施,以及传输和存储大数据的成本需求。此外,监视这些 CCTV 所需的人力资源和人工监视的效率也是棘手的难题。每年用于监视摄像机的费用约为 22 亿英镑。

通过在摄像头(如固定的,移动式或穿戴式)边缘或附近部署 AI 功能(包括第

5 章中讨论的机器视觉功能），从网络成本和人力资源的角度来看，自动人脸识别（Automated Facial Recognition，AFR）、自动车牌识别（Automated Number-Plate Recognition，ANPR）之类的分析功能非常有效。这得益于将所有智能分析和检测功能放在本地和靠近摄像头的边缘计算设备上，并且仅将分析结果、统计信息和异常情况反馈到集中式 IoT 平台。这样既可以节省成本和带宽、提高隐私和安全性，还可以将执行速度提高几个数量级。例如，如果警察在特定区域内寻找犯罪嫌疑人，可以立即将 AFR 应用程序推送到相关位置的所有闭路监控中，并在边缘设备上优先执行此任务。所有闭路监控都可以同时扫描犯罪嫌疑人的脸部或汽车，当且仅当检测到犯罪嫌疑人时，才将高分辨率镜头回传。同时，可以向该地区周围的警察发出警报，告知犯罪嫌疑人的位置以及去向。最后，事发地边缘设备可以操纵相邻路口的交通信号灯，并通过制造人为的交通拥堵困住犯罪嫌疑人，直到警察到达。

类似的技术可以用于工业、零售业或服务业等场景，在这种情况下，普通摄像头被视作多用途智能传感器，既可以计算停车场人数、汽车数量、自行车数量和可用停车位数量，又可以测量交通流速和道路拥挤程度，并检查工人是否穿着醒目的背心和外套。

3.7　总结

物联网解决方案已经融入设备并不断生成大量数据，然后传输到数据中心的高度分布式环境中。这不仅导致网络带宽和计算资源利用率低下，还会导致物联网应用程序的高延迟时间响应。为了减少服务响应时间和网络流量，可以将计算资源从云基础设施扩展到紧邻 IoT 设备的网络边缘。

本章全面介绍了边缘计算相关技术，包括边缘计算基础、边缘计算架构、边缘计算解决方案实践，以及利用零接触设备上线的现代化方法，使设备能够快速开机，并自动在集中式 IoT 平台内注册，并构建了隐私保护和设备安全的基准。最后概述了边缘计算的各种实际应用。未来研究的重要领域将涉及大量其他现代计算技术，例如，雾计算和渗透计算，以及如何利用这些方法扩展和增强边缘计算能力。

参考文献

第 4 章　数据平台：互操作性与洞察力

John Davies and Mike Fisher

British Telecommunications plc ,Ipswich ,UK

4.1　引言

近年来,利用数据信息改善商业流程、公共服务、环境和人民生活质量等诸多方面已成为技术发展的主要趋势之一。例如,"数据革命"是联合国可持续发展目标的一个关键组成部分,该目标定义了 2030 年可持续发展议程。具体来讲,数据革命基于如下事实提出:

"……呈指数级增长的多种可用数据体量,为宣传和改造社会以及保护环境创造了前所未有的可能性。"

上述数据包括不断增加的物联网(IoT)数据,因为通过物联网传感器来测量目标数据比以往更加容易且成本更低,同时,及时采集应用程序所需信息的可能性正在急剧增加。

已经有许多倡议在探索物联网等新信息通信技术的潜力,涵盖了智慧城市、交通物流、零售业、未来产业等一系列行业部门和应用场景。除了数字化转型在改善现有流程方面具有明显优势外,人们越来越认识到在同一组织内或组织间通过物联网信息平台(物联网数据中心)共享信息的潜在价值。

在所有参与者都属于同一组织,或者存在跨组织流程和信息流的情况下,部署物联网平台的需求最为明显。在这些情况下,物联网平台可以清楚地表达和量化通用信息管理方法的好处。有了明确的参与者和相关需求集合,就可以设计、构建和运行物联网系统。然而,扩展包含更广泛参与者的物联网生态是一个巨大挑战。例如,两个社区可以通过共享数据来实现互惠互利,但由于物联网系统通常基于不同的目标和约束条件设计,很难在实践中实现有效的信息共享。

因此,需要采取一致的结构化方法进行信息共享。其目的是降低潜在数据提供者以及数据开发者和分析师的技术创新障碍。物联网平台或数据中心是在现有组织机构或社区(例如,供应链中的合作伙伴)内进行信息共享的良好开端。在更复杂的情况中,以城市为例,可能包括许多预先存在的管理系统,例如,交通、空气质量、能源供应、地下管网以及应急服务等系统。这些系统通常因技术和组织上的障碍而彼此隔离,但是由于它们都共享地理信息环境,因此具有较强的相关性。

这清楚地说明了信息聚合系统(包括物联网平台)之间的强互操作性需求。如果在不同平台之间交换信息是互利的,那么这应该是很容易实现的。当然,这并不意味着所有信息都应该自由和公开地共享。其目的是支持受控信息的共享,其中实际共享的内容取决于信息所有者的意愿以及相关法律或法规约束。简而言之,互操作性可以将数据孤岛分解为一个更集成的整体,如图 4-1 所示。

数据孤岛　　　　　　　　　　　　　数字生态

图 4-1　数据孤岛分解

为了强调这一点,最近的一份报告发现"物联网系统之间的互操作性至关重要。物联网实现的全部潜在经济价值中,互操作性可以达到 40%,在某些情况下可以达到 60%。"

4.2　物联网生态

一般而言,在单个物联网平台支撑的参与者生态中,相关参与者对一组特定的传感器、执行器和相关背景信息具有共同的关注点。如第 1 章所述,除了平台提供者作为生态的推动者外,这些参与者还包括传感器的所有者(充当信息提供者)、应用程序开发者、分析服务提供者以及信息和应用程序的用户。这些参与者可能是独立的个人或组织,因此物联网平台需要能够管理和实施适当的访问控制。如果一个社区由单个平台支撑,则可以充当单个控制点,从而简化了管理流程。

当今的互联网由许多互联的自治系统构成,而互操作性则依赖于 Internet 工程任务组(Internet Engineering Task Force,IETF)维护的一组协议进行端到端的数据通信。物联网与之类似,但是更加强调物理设备和自动化系统的连接。由于资源受限的物联网生态间的界限并不明显,信息提供者和信息消费者之间关系的灵活性将变得越来越重要。物联网仍然需要诸如 Internet 协议提供的数据通信,但是自主物联网系统之间的有效互操作性还不仅仅如此。图 4-2 的关键思想是:数据提供者按照要求进行访问控制和数据访问,将数据从封闭垂直系统约束中发布到更广泛开放的物联网生态。

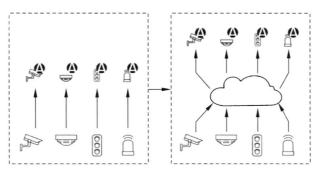

图 4-2　从垂直领域数据孤岛到开放生态

为了将重点放在讨论物联网平台的互操作性上，我们将讨论限定于信息管理层面（即不包括动作执行带来的复杂性）。"事物"（特指传感器）显然是物联网的核心，但并不代表全部。传感器提供了应用程序环境状态的一种视图。此外，来源于传感器、人类或自动分析结果的情况报告和地理空间关系等信息来源也很重要。

我们可以考虑以下两种特定类型的物联网生态参与者，以及信息共享关系的要求。

首先，**信息提供者**从自己部署的传感器中采集数据，并希望在适当约束条件下为其他人提供数据。该过程必须指定哪些信息对哪些使用者可见，以使提供者可以在不放弃所有权的情况下安全地共享信息。此外，在信息不可用或不准确的情况下（无论是由于系统故障还是安全漏洞），确定潜在责任也很重要。

其次，在"数据革命"中**信息消费者**可以利用多个不同数据源构建新应用程序。当前，他们在识别相关数据，获得使用许可并进行集成时面临着巨大挑战。而且，所遇到的阻力可能会严重阻碍创新。此外，有必要了解信息在应用程序生命周期中的可依赖程度，涉及可用性和质量、约束条款和条件以及成本等方面。

对于信息提供者和信息消费者来说，要求能够改变他们参与信息交换生态的基础，还需要在物联网平台内定义和明确实施变更的流程（包括时间尺度、变更通知等）。

物联网平台具有提供大规模效益、减少重复访问相同数据的潜力，可以降低参与物联网生态的障碍。因此，物联网平台对于小规模组织机构较为有利。

4.3　语境

有效共享信息的关键是语境（即上下文）。如果数据输出超出了生成数据的边界，则需要明确定义数据——信息的性质、表示形式（包括单位）、精度、准确性、出处、预期可用性、访问和使用限制、许可和成本等。这些定义必须和数据本身一起与（潜在）用户共享。数据和上下文（或元数据）之间的区别取决于应用程序需求。

我们可以将应用程序上下文视为其运行环境的各方面，这些都是预期工作所必需的。

在使用外部信息源之前,应用程序开发者需要确保外部信息源能够满足应用程序的要求。显然,这包括确认信息的相关性。例如,按照明确的精度和准确度以适当方式对目标位置温度的测量。除此之外,开发者还需要确保信息源在应用程序的生命周期中足够可靠。这要求信息源提供者和使用者之间有明确的共同期望和义务。还必须认识到,在信息交换中不可能有硬性保证,尽管双方都可以真诚地交流,但也会有失败和无法预料的情况。

面对丢失、不完整和不准确的信息,应用程序必须具有一定弹性。然而,至少要确保信息源的预期特征和行为能够以易于自动化处理的形式表现——即尽可能以一致的结构化格式呈现。

4.4 互操作性

考虑到独立物联网平台中信息提供者和信息消费者的需求,以及对本地物联网生态整体信息的考量,可以确定互操作性的三个主要方面——信息发现、访问控制和数据访问。

4.4.1 信息发现

信息发现是信息消费者互操作的第一步。当信息分布在大量聚合器(IoT 平台)上时,需要首先确定其中包含哪些可用信息,然后找到特定的数据集。常规方法是聚合者通过目录形式发布其内容,有效的目录通常包含各种潜在信息消费者背景知识的详细信息。

基于大型开放数据计划(例如,data.gov,data.gov.uk)提供的数据目录,人们可以浏览大量不同的数据库,然后通过目录间的互操作性来实现更广泛的信息发现。利用机器可读目录的开发工具可以有效地查询目录中的相关内容。这涉及用标准格式的元数据对每个信息资源目录条目进行注释。如果两个目录使用相同的注释,则可能存在互操作性——同一个查询将从每个目录中选择适当的条目。

2014 年,英国政府创新机构(InnovateUK)资助的一个项目明确认识到跨领域物联网平台间的互操作性需求。该项目涉及 8 个独立的物联网集群,涵盖一系列应用领域。每个集群独立设计,并基于物联网平台进行信息聚集。其目标为允许集群内信息提供者和信息消费者之间的灵活性和一致性交互。此外,通过轻量级联盟可以实现更广泛的互操作性,其重点是信息的分类和发现。这促进了 HyperCat 规范的研发。

HyperCat 是一种通过 Web 技术表示和发布物联网平台目录的规范。事实上,HyperCat 的灵活性使其成为一种通用的目录工具。HyperCat 使用统一资源标识符(Uniform Resource Identifiers,URIs)标识资源,通过通用的 Web 协议和格式访问数据，并为注释资源定义了通用的共享语义。

HyperCat 目录用 JSON 表示，包含一个 URI 数组（用于标识资源或另一个 HyperCat 目录），每个 URI 都具有元数据注释的关系-值对列表。HyperCat 的核心强制性元数据关系集很少，这意味着可以非常轻松地实现 HyperCat 合规性。当然，仅使用最小注释限制了有意义的互操作性范围，加强注释资源关系-值对的一致性是有益的。HyperCat 是可扩展的——可以根据需要，使用任何一组注释来描述资源，尤其是，HyperCat 可以链接到特定领域的词汇表。

HyperCat 核心应用程序编程接口（Application Programming Interface，API）可以返回一个表示目录的 JSON 文档。如图 4-3 所示的 HyperCat 目录片段定义了一系列搜索选项的可选扩展内容，包括简单的文本匹配（关系-值对）、基于前缀的词典、辞海和地理搜索。

```
"items":[
{
 "href":"http://api.stride-project.com/sensors/feeds/3bdae7b8-
c4c6-4701-iha7-e9ffcb47c6ac",
 "i-object-metadata":[
 {
 "rel":"urn:X-Hypercat:rels:hasDescription:en",
 "val":"Air quality data from MK"
 },
 {
 "rel":"urn:X-Hypercat:rels:isContentType",
 "val":"application/xml"
 },
}
```

图 4-3 描述空气质量传感器条目的 HyperCat 代码片段

HyperCat 以机器可读的形式发布信息资源目录，可以轻松地进行包括标准化词汇在内的特定领域扩展。

W3C 建议在数据目录词汇表（Data Catalog Vocabulary，DCAT）中采用一种与之大致相似的方法，旨在促进数据目录之间的互操作性。这指定了最初用于表示政府数据（例如，data.gov、data.gov.uk）的资源描述框架（Resource Description Framework，RDF）词汇表。DCAT 本身包括 3 个主要类：目录（Catalog）、数据集（Dataset）和分布（Distribution），每个类都有许多已定义的属性。DCAT 目录还包括其他词汇表中的术语，其表达方式与 HyperCat 相似。作为基于 RDF 的规范，DCAT 可以通过多种方式公开，包括通过 SPARQL 端点或以各种序列化格式表述（例如，XML、JSON 和 Turtle）。因此，与 HyperCat 相比，DCAT 提供了更多的技术选择，并且定义了更多的核心术语。这是一个更独创的规范，而 HyperCat 以尽可能通用、较小强制性、较低进入门槛为设计初衷。

DCAT 具有在 RDF 中与特定领域词汇表集成简单的优点，并且可以使用 RDF 词汇表中预先存在的术语。实际上，这两种方法之间有着紧密的联系。

HyperCat 关系-值对等价于 RDF 三元组,因此二者的转换很简单。尤其,DCAT 词汇表中的术语能够以明显的方式加载于 HyperCat 目录中。如图 4-4 所示,DCAT 目录的描述示例中有 4 个名为"Example Cat"的数据集。

```
:catalog
    a dcat:Catalog ;
    dct:title "Example Cat" ;
    rdfs:label "Example Catalogue" ;
    foaf:homepage <http://example.org.uk/catalog> ;
    dct:publisher :department-22 ;
    dct:language <http://id.loc.gov/vocabulary/iso639-1/en> ;
    dcat:dataset :dataset-41 , :dataset-2 , :dataset-3 ; :dataset-4
        .
```

图 4-4   DCAT 目录示例

HyperCat 的目标是定义一个最小的可用目录词汇表,而 DCAT 可以定义广泛适用于 Web 目录的词汇表。通常有意义的互操作性依赖于来自不同信息资源术语间更紧密的语义一致性。当独立开发信息系统时,二者在表示等价实体或概念的方式上不可避免地存在差异。

例如,智能应用参考(Smart Appliances Reference,SAREF)本体论的研究始于家用电器及其对能源消耗的研究,涉及 47 种描述和表示设备(语义资产)的独立方法。SAREF 本体论的核心概念为相似概念的独立表示提供了统一的观点和转换方法。这对于在较大系统(例如,建筑物)环境中促进不同类型设备的共存和相互作用具有重要作用。

另一项旨在协调信息表示以支持自动化处理的倡议来自 schema.org,其重点是为互联网上的结构化数据定义模式,同时可以用多种格式编码各种概念,并指定相应词汇表,例如,RDFa、微数据(Microdata)和 JSON-LD。目前,超过 1000 万个网站使用 schema.org 进行内容标记,这使应用程序能够跨站点自动索引、聚合和处理信息,以提供丰富的用户体验。

4.4.2   访问控制

一般情况下,信息交换平台不能保证所有信息均在自由共享的环境中运行。尽管在封闭社区中,物联网平台可以通过技术集成实现信息自由共享,但这限制了扩展物联网信息生态的能力。在更加开放的物联网环境中,信息提供者通常无法了解其数据的所有潜在使用者。因此,物联网平台需要为信息提供者赋予访问控制权限。

信息提供者可以合理地指定哪些信息消费者可以访问其数据,设置使用条款和条件(包括匿名化、继续共享的限制等),并且能够审查和撤销以前授予的权限。对于个人数据,欧洲通用数据保护条例(General Data Protection Regulation,

GDPR)等法规与物联网平台相关,并对数据管理提出了要求。

HyperCat 采用的方法已在 MK:Smart 和 CityVerve 项目中实现,该方法是区分目录访问与目录描述的信息资源访问,尤其某些数据集或其元数据不适合公开发布。因此,HyperCat 认识到一些目录应该只有经过身份验证和授权的用户才能访问。访问控制可以遵循 Web 技术惯例来确保访问的安全性。

如果信息资源是可发现的(即包含在特定信息消费者可访问的目录中),则存在第二个访问控制点。HyperCat 倡导目录在适当的情况下通过可遍历的链接引用信息资源,但信息提供者可能愿意考虑授予未知信息消费者访问权限(因此使目录条目可见),但在授予该类访问权之前需要额外的授权,涉及建立商业或合同关系、验证身份或要求接受物联网平台管理范围以外的特定条款和条件。在这种情况下,用户需要得知如何获取对目录链接资源访问的权限。HyperCat 通过每个项目元数据中的一个或多个"访问提示"(rel:urn:X-hypercat:rels:accessHint)来实现此目的,用 URI val 表示所需的身份验证协议。此外,rel(urn:X-hypercat:rels:acquireCredential)标记可以帮助获取访问资源(可能是目录)的凭据。相应的 val 是一个可以被取消引用的可读网页或其他资源的 URL,并可以帮助获取相应信息项的访问凭证。这种方法为物联网平台管理访问权限提供了灵活的基础和多种实现方式,可以支持物联网生态中参与者(信息提供者、IoT 平台运营商和信息消费者)之间的各种信任关系。

HyperCat 规范提供了一种支持发布和发现信息资源的通用方式,并具有表达各种访问控制约束的能力。其中,一致性级别是特定 IoT 平台范围内信息共享以及平台间联合的良好基础。

HyperCat 不会针对特定信息共享要求(包括安全性)来指导物联网平台的实施。无论是内部操作还是与其他平台联合,每个物联网平台必须考虑自己的用户(信息提供者和信息消费者)及其管理信息的敏感性。尽管互操作性会受到各种限制,但是 HyperCat 在技术灵活性与满足所有参与者信息共享需求之间具有良好的平衡能力。

4.4.3 数据访问

一旦通过物联网平台在信息提供者和信息消费者之间建立了关系,下一步需要重点关注信息的实际交换及其在应用中的使用。由于不同来源信息是在特定应用领域中独立开发的,因此,在表示不同来源信息时可能会有相当大的差异。根据与现有信息系统一起部署的数据目录,识别任意信息资源的通用元数据特征相对简单。但在 API、协议和信息表示形式上达成共识的可能性不是很大。即使有可能,对现有物联网系统的影响也可能成为该系统实施的重大障碍。

如上所述,物联网平台的主要目标是减少信息提供者和信息消费者双方共同面临的技术障碍,尤其是在没有共享环境支持的情况下。信息提供者和信息消费者之间的不匹配是意料之中的,尤其在涉及许多提供者和许多消费者信息的情况下更是如此,因此,参与方共同努力缩小差距极为重要。

在过去的几年里,一些项目探索了支持不同应用领域物联网平台互操作性的实践案例。

MK:Smart 和 CityVerve 项目中使用的 BT Datahub 方法是为每一大类信息定义一个通用格式,旨在尽可能减少不同格式的数量。例如,可以利用通用方式将传感器数据有效地表示为一组值,并将每个值与时间戳和地理空间位置相关联。

特定传感器类型值的解释取决于可从相关目录条目检索的上下文(元数据)。例如,在 BT Datahub 中,4 种主要的信息类别足以涵盖一系列重要用例。

- **传感器数据**:某些物理性质的测量值。数据由值(通常为数字)组成,每个值都由时间和可选位置表示,这是移动传感器所必需的。对于固定的传感器,位置可以视为传感器的上下文属性。在 BT 数据中心上,扩展环境标记语言(Extended Environments Markup Language,EEML)用于表示此信息类型。
- **事件情况**:例如,交通拥堵、道路工程、恶劣天气、火灾等事件。这些信息通常包括基于传感器的数据和其他数据集合,以及一些与特定时间段和特定位置相关的解释。在这种情况下,使用 CAP 数据格式。
- **地理特征**:例如,建筑物、道路、街道设施等静态实体。这些可以表示为地理空间特征(例如,点、线和多边形),并具有元数据中描述的任意关联属性。
- **位移**:例如,每个位移都是时空序列,代表着公共汽车或自行车的轨迹。这与传感器数据类型密切相关,可以适当地对测量数据集进行分组。

这种方法需要信息提供者和信息消费者双方的共同努力。信息发布要求将其转换为平台支持的适当格式。边缘适配器用来执行此类数据转换,从而用少量标准格式表示多个异构数据源。信息的使用需要了解通用格式以及单个信息源的特殊特征(例如,与特定传感器相关的上下文/元数据)。该平台提供了支持现有规范的通用入口适配器,以减少信息提供者的技术障碍。本章的参考文献[11]描述了在物联网生态系统中使用 BT 数据中心的示例。

PETRAS 物联网观测平台采用了不同的方法。它特别关注安全性,因此提供了信息发现和访问控制方面的互操作性。通过观测平台提供的信息不会被转换为通用格式或以任何方式进行修改。这意味着平台可以容纳的信息类型没有任何限制,并且信息提供者可以用很少的代价提供数据。一方面,与 BT Datahub 类似,在定义信息模型时不需要在提供者之间进行协调,基本上可以支持所有任何操作(文档包含在元数据中)。另一方面,信息消费者在使用信息源之前,必须要先了解其格式和结构。这是利用多个不同领域数据开发应用程序的一个重要障碍。

CityVerve API 的核心概念是实体(entity),强调了信息消费者的易用性,并为

CityVerve 平台中所有信息提供了一致的顶层结构。每种类型实体（例如，停车场、公交车站、空气质量传感器等）都有自己的规范、属性定义以及（可选）时间（或时空）序列。这与 BT Datahub 中心大致相似，但为信息消费者提供了额外的结构和更高的一致性。例如，在 BT Datahub 中，所有传感器本质上都是等效的，并且需要元数据来确定其测量参数、使用单位等。相比之下，在 CityVerve API 中，温度传感器和空气质量传感器是不同的实体类型，而且所有温度传感器具有相同的实体类型，因此，返回值具有相同的单位。这意味着信息消费者可以用相同的方式来处理给定类型的所有实体数据，而不管其底层来源。这可以减少集成相同类型实体信息的工作量，为应用程序开发者提供更强大的支持。这给信息消费者带来了好处，却增加了信息提供商和平台运营商管理平台实体类型集的成本。例如，在描述路灯实体类型时，需要将该实体类型适用于所有路灯。但是如果应用程序需要处理几种相关但不同的路灯描述时，则对信息消费者的好处将大大降低。尤其，当指定新实体类型时，这些信息提供者并不一定都是已知的，需要信息提供者之间的标准化。如果存在特定实体类型的现有标准表示法（例如，在 SAREF 中定义的标准表示法），则可以试着采用该实体类型，但是目前限制了普遍接受实体范围，这可能会限制此方法的应用推广。信息消费者对 CityVerve 风格平台的认知是一个统一的系统，潜在的信息源及其差异可能不会立即显现出来。这与 BT Datahub 和 PETRAS IoT Observatory 形成鲜明对比，两者都充当信息提供者和信息消费者之间的中介。因此，可以对一致性和数据质量作出更有力的保证。这意味着物联网平台需要付出一些额外的努力（和潜在的责任），不仅要确保格式的一致性和符合已发布实体类型规范，而且还要确保可用性和准确性。因此，增加对信息消费者的支持会给信息提供者和平台运营商带来一定的成本。

其他地方也进行了类似的工作，其中一个著名的例子是来自欧洲 FIWARE 计划的 Orion Context Broker。使用实体方法来发布/订阅代理的 Orion 是 FIWARE 平台的一部分，其实体具有属性（例如，汽车可以将"红色"作为颜色属性，将 50km/h 作为速度属性）。Orion 允许客户端存储和更新实体信息，查询代理已知实体的详细信息以及订阅更改通知，并允许提供者注册为有关实体信息源。Orion 支持开放移动联盟指定的 NGSI-9（上下文实体发现）和 NGSI-10（上下文信息）接口，并适合单个域内系统间的信息交换和互操作性。信息发现主要集中于查找已知类型实体的实例，并且访问控制受限。此外，Orion 支持多租户，但这是为了提供实体子集之间的隔离（即在共享相同代理和数据库的租户之间隔离），而不是管理对分布在多个租户或 Orion Context Broker 实例间实体集的受控访问。

欧洲电信标准化协会（European Telecommunications Standards Institute，ETSI）上下文信息管理（Context Information Management，CIM）行业规范小组正在制定一种信息模型和 API，旨在建立和总结许多相关计划中获得的经验，并为互操作性提供一个灵活的框架。其目的是支持在涉及多个参与者的部署方案（例如，集中式、分布式和联合式）中提供、使用和订阅信息。

ETSI CIM 正在开发的信息模型和 API 被称为 NGSI-LD，尽管目标更为广泛，但已经明确使用 NGSI（NGSI 9 和 10）接口作为起点。"LD"后缀意为将链接数据（Linked Data，LD）的最新进展结合起来，以实现所需的表达能力和广泛的互操作性。信息模型定义了一个名为"属性图"模型的高级核心，以及一个小的跨域通用术语集。在此基础上，可以合并其他词汇/本体论（例如，SAREF、schema. org 等）。随着 FIWARE-NGSI API 的发布，它们将与 NGSI-LD 规范保持一致。文献[14]讨论了 IoT 数据互操作性语义的方法示例。

在语义方法的另一个示例中，Tachmazidis 等提倡使用本体作为更深层信息集成的一种方法：物联网数据集的复杂性和多样性是它们最近成为链接数据和语义技术关键用例的主要原因之一[①]。通过链接数据将各种分散的数据集成到一个通用的、可浏览、可访问的知识图谱中。

在许多情况下，使用链接数据技术已被证明是有效的。在这种情况下，需要以通用方式将不同来源信息汇总在一起，以支持各种应用程序，而无须对数据中应用程序的约束进行编码。语义 Web 技术增加了应用有效数据模型（ontology）的能力，这既可以改善系统间的互操作性（可能具有相同的含义，也可以进行不同方式的建模），也可以进行更高级别的数据分析（参见文献[17]）。因此，下一步需要研究如何将 HyperCat 规范具体化为 RDF 等语义语言，并研究如何从中获利。

如上所述，满足 HyperCat 的数据中心可为共享和使用多种来源可用数据集提供支持。为了在此基础上实现语义更丰富的可用数据集访问，HyperCat ontology 可以提升 IoT 数据中心关系数据库的语义解析能力。此外，通过输出适配器和 SPARQL 端点的数据转换机制也具有重要作用。因此，通过访问 SPARQL 端点可以查询语义丰富的数据。此外，联邦 SPARQL 查询可以将 IoT 数据中心和链接开放数据（Linked Open Data，LOD）云访问的其他端点数据结合起来。

推理功能和时空查询可以与外部数据集（例如，LOD）结合使用，以检索在 BT HyperCat 数据中心中未直接表示的信息。

这可以通过跨不同内部和外部 SPARQL 端点的联邦查询来实现。详情请阅读第 7 章关于语义技术在 IoT 中的应用部分。

表 4-1 总结了如上所述不同互操作性方法的一些关键特性。

表 4-1　重要互操作性方法的比较

	信息发现	访问控制	数据访问
HyperCat	是	受限-访问控制和凭证获取提示	否
DCAT	是	受限-链接到登录页面	否
SAREF	是	否	否

---

① 例如 Semantic Cities，参考 http://research. ihost. com/semanticcities14-series of workshops。

续表

	信息发现	访问控制	数据访问
BT Data Hub	是-经 HyperCat	是的-细粒度	是
CityVerve	是-经 HyperCat	是的-粗粒度	是
PERTRAS 物联网观察台	是	是	否
FIWARE Orion 语境代理	受限-单一领域	否	是
NGSI-LD	是	发展中	是

4.5　总结

　　最大限度地提高物联网数据的互操作性具有明显的好处。我们已经看到,IoT平台可以采用多种可能的方法来实现数据互操作性,其主要区别在于信息提供者、信息消费者和平台运营商之间所需工作量的平衡。这里描述的每个示例都可以很好地工作,这取决于它们所支持的物联网生态特征,尤其会因为不同参与者共享和消费信息的动机而有所不同。

　　本章引言中提到的联合国可持续发展目标所设想的数据革命依赖于充分利用独立采集或生成各种来源信息的能力。通常,关键问题是如何调解大量信息提供者和信息消费者之间的关系。在这种情况下,一个参与者有时可能同时扮演两种角色。这就带来了技术和策略互操作性方面的重大挑战。因此,应减少技术壁垒,并在信息的整个生命周期中实施政策约束(例如,监管或反映利益相关者的偏好)。

　　在许多近期的项目中,即物联网或更通用的信息管理平台中,通过提供一组通用服务来调解信息提供者与信息消费者之间的关系已被证明是实现互操作性的有效方法。

　　发现信息、访问控制和数据访问是互操作性的三个不同方面,所有这些方面的问题都亟待解决。许多研究项目的最新经验探索了各种尝试,这些尝试清楚地证明了 IoT 平台在提供结构化信息共享方面的价值。

　　支持信息发现和访问控制的抽象概念至少在原理上相对简单,并且为现有规范的标准化提供了有力保障。物联网生态中有关信息表示和解释的通用规范融合将明显促进互操作性,但是目前尚不清楚在实践中可以实现多大程度的互操作性,我们已经在上面讨论了一系列方法。

　　经验表明,有效的互操作性可以通过多种不同方式实现,包括在不同参与者(例如,信息提供者、信息消费者和平台运营商)需求与能力之间进行权衡。因此,互操作性的一般方法应基于足够灵活和表达力强的信息模型来适应一系列物联网生态系统特征。

参考文献

第 5 章

物联网中流式数据处理

Carolina Fortuna and Timotej Gale

Jožef Stefan Institute，Ljubljana，Slovenia

5.1　引言

　　我们生活在这样一个时代：数据的生成速度超过了人类的数据消耗速度，而信息的传播速度却比以往任何时候都要快，并且每个能够访问联网设备的用户都可以创建和消费信息内容：新闻、图像、Tweet、视频等。此外，正如第 1 章所讨论的那样，用于生成数据的联网传感器数量将持续快速增加。在过去的三十年中，开发了各种旨在帮助人类总结、组织和检索不断增长的数据的系统。也许使用最广泛的工具是可以在互联网这样庞大的网络中检索内容的网络搜索引擎。大多数此类大型数据组织系统可以分批提取原始数据，并从批处理中提取数据模型。批次的大小和涵盖的时间段会有所不同。例如，一个新批次可以按照小时、天、甚至月来执行。

　　在某些应用领域，快速传输信息非常重要，并且集中地批量处理大数据无法满足相关要求。其中，实时或近实时地传输数据，并在数据到达时进行处理的系统称为流式数据处理系统。以金融交易系统为例，对新闻、股票价格和其他数据信息的访问必须非常迅速。类似地，物联网（IoT）的一个代表性示例来自交通领域，人们需要立即知道当前哪些道路发生了交通拥堵，而一个小时的信息延迟是没有实际意义的。同时，现代导航系统使用实时传感器数据来告知驾驶员，并给出拥堵较少的替代路线建议。这样的流式数据处理平台大约在二十年前开始出现，并且在现代知识驱动型经济中变得越来越重要，目前数据驱动型决策的执行速度比以前快得多。在物联网环境中，我们通常处理时间序列数据，即按时间顺序生成和交付的一系列数据点，通常是在连续等间隔时间点上采样的序列。

　　能够处理数据流的系统已经存在了数十年。实际上，任何电信系统中的信号处理和传输都需要处理数据流。但是,传统流式数据处理系统和现代流式数据处理系统之间的两个主要区别是:①现代方法的实现方式是软件而不是硬件;②处理的数据量要大几个数量级。到 2020 年为止,业界最大规模部署的流式数据处理系统是 Heron,该系统为 Twitter 提供强大数据处理能力(每分钟可以处理大约 35 万条推文)。然而,流式数据处理系统正越来越多地为大量运营物理基础设施的企业提供支撑,例如,汽车、工业和能源行业的云服务提供商、电信运营商和企业(另请参见第 13 章)。

5.2　基础知识

时间序列数据流的处理可以采用多种形式,具体取决于所服务的应用程序。早期的物联网流式数据处理平台能够实时收集传感器测量值,并将其显示在表格或图表中。但是,实践经验表明,只显示原始数值的意义不大。正如本节所讨论的,数据通常必须经过几个处理阶段才能产生可操作的自动或人工决策。对于流式数据,这些处理阶段也称为流式数据分析。流式数据主要涉及 5 个操作:压缩、降维、摘要(映射)、学习与挖掘、可视化。尽管可以对静态的非流式时间序列数据执行相同的操作,但在流式数据传输中,这些操作的实现方式有很大的不同,因为每个数据点到达时都必须以很高的速度进行相关处理。

5.2.1　压缩

时间序列的压缩是指为减少存储所占用空间和/或传输所需要带宽而进行的一组数据操作。对于资源受限的设备(例如,某些类型的电池、带宽和存储容量有限的传感器)而言,压缩操作尤为重要。尽管存储设备价格一直在下降,但压缩仍然很有用,尤其是对于大型数据的存档需求。压缩可以通过多种方式实现,从非常简单的方法开始,例如,在欠采样中丢弃数据点,在聚合时计算并保留时间窗摘要(例如,平均值、标准偏差、最小值和最大值)。这种方法的主要缺点是容易丢失信息,特别是在发生罕见事件的情况下。此外,业界还提出了更复杂的压缩方法,这些方法可将信息的损失降到最低,或利用分布式传感器测量值来重建数据的分布。在文献[10]中也提出了针对流式数据而设计的压缩算法,该压缩算法已在流式数据库中采用。

5.2.2　降维

通过减少时间序列的一组随机变量(或维数)可以实现降维。在将时间序列数据传递给执行摘要(映射)、学习与挖掘和可视化的算法之前,通常会进行降维处理,以确保仅向用户或算法提供信息最多的随机变量。统计和信息论、图论、线性代数等理论都涉及降维技术。例如,主成分分析(Principal Component Analysis,

PCA)、因子分析和线性回归等方法可以在低维空间中保留高维数据的线性结构，具有直观、易于解释的计算能力优势。此外，还存在能够保留数据非线性结构的复杂方法，它与 PCA 等方法不同，例如，用于处理流式数据的时间序列数据库通常采用改进的流式版本降维算法。

5.2.3　摘要(映射)

时间序列数据摘要(映射)是向人类和机器数据使用者描述时间序列数据转换过程的一种表示形式。摘要(映射)技术分为两类：挖掘和查询时间序列的数据摘要，以及时间序列数据中观察模式的自然语言摘要。可以使用多种技术来实现数据挖掘和查询的摘要，同时，摘要本身可以表示为时间序列、图形、符号等。例如，文献[15]提出了一种与时间相关的数据摘要方法，其中，较新数据更精确，而较旧数据则不精确。时间序列的自然语言摘要通常会将时间序列中观察到的趋势或模式映射到自然语言中的单词，例如，"略有增加""增加""重复"等。

5.2.4　学习与挖掘

基于时间序列数据的学习是指从记录的数据中自动构建机器学习模型的方法。然后可以将这些模型应用于新数据，从而进行推断挖掘。挖掘时间序列数据通常涉及使用机器学习模型来提取潜在见解，并了解大型数据集或者得出无法直接分析的结论。通常可以使用监督学习技术(例如分类)或无监督技术(例如聚类)来构建机器学习模型。对于监督学习技术，模型的构建需要带标签的数据，这些技术对于估计将来状态、测量值或识别某些行为最有用。当标签不可用时，通常使用无监督学习技术实现此类数据学习模式。时间序列数据挖掘也可以看作是机器学习模型在实际问题中的应用。机器学习和数据挖掘算法可用于内容检索、聚类、分类、分割、预测、异常检测和主题发现等多种任务。

5.2.5　可视化

时间序列数据的可视化是指将数据转换为针对人类消费者的视觉表示方法。时间序列数据的可视化必须以直观且易于解释的方式表现有关时间序列以及数据本身的信息。数据可以用多种方式表示，例如，符号、颜色、自然语言、几何形状等。在某些情况下，可视化工具应帮助用户能以更详细的方式探索或放大部分数据，通常特定于具体任务/应用程序，其目的是支持人类的理解并呈现相关内容。例如，基因学研究人员必须了解特定基因的时间行为以规划其研究进度，而核发电厂管理者必须了解核冷却系统的状况以安排维护工作等。

流式数据处理的发展进步可以体现在算法、平台以及应用领域。正如本节所述，业界正在开发用于压缩、降维、摘要(映射)、学习与挖掘和可视化流式数据的新算法。

关于支撑技术和基础架构平台,典型案例包括 S4、Storm、Millwheel、Samza、Spark、Flink、Heron、Summingbird 等。文献[5]对上述平台进行了详尽的分析。各种商业云平台还提供了一些流式数据分析服务,包括针对物联网的流式数据分析服务、Microsoft Azure 流式数据分析、Amazon AWS Kinesis 等。

关于具体应用,流式数据分析可用于欺诈检测、网络、流量分析、灾难管理、运行状况检测、智能电网等领域。

5.3 构架与语言

流式数据处理系统主要包括两类。第一种是基于现有易于理解的关系数据库原理,即第一代流式系统或数据流管理系统(Data Stream Management System,DSMS),例如,STREAM 和 Aurora。新一代流式数据系统引入了对无限连续数据流的连续查询,这与传统数据库管理系统(Database Management System,DBMS)对有界存储数据集的查询无关。虽然适应关系查询语言(例如 SQL)可能足以满足简单的连续查询,但查询的复杂性不断增加,例如,添加聚集、子查询和窗口结构使所应用的语义较为晦涩。因此,创建了各种连续查询语言,如 CQL、ESL、Hancock 等。同时也存在用于传感器网络应用的专用流式系统和查询语言。

第二种类型的系统更适合于流式数据处理,因为它们不执行关系视图,并且可以创建、使用并转换数据流,进而生成新数据流的自定义运算符。这类系统通常称为第二代流式数据处理系统。Flink 和 Samza 是第二代流式数据处理系统的代表。大多数流式处理系统都是分布式的,并且支持自动缩放,例如,文献[4]中介绍的相关系统。流式数据处理系统倾向在数据流上使用各种运算符,并且可以按照不同的方式实现和优化每个运算符。在文献[34]中详细讨论了相关操作符目录及其优化方法,而文献[35]则广泛涵盖了流式数据管理的各个方面。

如上所述,以时间特性和联合处理数据量为特征的数据处理系统主要涉及两类数据处理范例——批处理和流式处理。批处理将新数据累积到分离的组别(即批)中,并在随后的时间对其进行处理,这由某些标准(例如,批大小或新旧)定义。当批量很小或需要经常处理时,这种范式也称为微批量处理。流式处理可以立即单独或在滚动窗口内处理每个新数据。因此,流式处理的延迟要比批处理低得多,并且流式数据处理由每个新到达的数据点触发,而不是在固定的时间间隔或满足某些条件时触发。由于更宽松的时间限制,批处理使计算更加复杂,而流式处理通常与实时操作相关。本章引言已经介绍了一些用例,例如,基于 Hadoop 的批处理、基于 Spark Streaming 的微批处理和基于 Flink 的流式处理。

在应用数据处理范式时,必须考虑如何设计数据处理系统和相关应用程序的体系架构。根据文献[5],许多应用程序同时需要批处理和流式数据处理功能,这推动了同时支持这两种功能的 Lambda 架构出现。如图 5-1 所示,在 Lambda 架构中,输入数据被复用到批处理层和流传输层进行处理。批处理层计算批处理视图。然后,服务层为批处理视图进行索引,以便有效地查询。与批处理层并行的是仅用于处理最新数据的流处理层,用于补偿批处理层的高延迟更新,但它以牺牲准确性和完整性为代价。最后,通过合并批处理和流处理层结果来答复查询。例如,Summingbird、Lambdoop 和 TellApart 均属于 Lambda 架构。

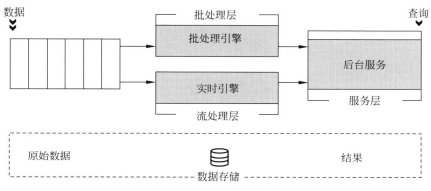

图 5-1 Lambda 体系架构

Lambda 体系架构(如文献[43]所述)可以提供准确和最新的近实时结果。然而,这种架构也引入了新的复杂性。批处理和流处理层通常需要单独的实现,而这些实现需要大量维护工作,并且合并这两层的结果也增加了复杂性。这些缺点促进了简化的替代架构,即所谓的 Kappa 架构。如图 5-2 所示,在 Kappa 体系架构(如文献[43]所述)中,不存在批处理层,并且所有数据仅作流式处理。

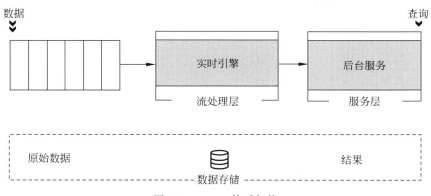

图 5-2 Kappa 体系架构

这种简化的前提是观测到的数据批(batch)为有界的数据流,然后才可以这样处理。因此,可以通过流处理层快速传送数据来模拟批处理。在处理系统发生变化的情况下,可以通过产生一个新的并发流式处理作业来重新计算结果,该作业运行于保留的数据之上,直到赶上旧的处理作业为止。然后,用新作业替换旧作业。

Kappa 体系架构可以由 Kafka(数据存储组件)和 Samza(流式处理组件)实现。此外,文献[37]进一步讨论了上述架构及其折中方案。

5.4　流式数据分析和频谱感知

如本节所述,流式数据分析在一些应用领域越来越重要。在过去的十年中,使用成本较低的频谱传感器来感知射频电磁频谱一直是无线通信的重要研究课题。然而,传感器的数量和生成的数据是有限的,适当的流式数据管理工具和算法正在扩展上述工作的基础设施。

一旦有了数据和基础设施,就有可能以前所未有的时空规模了解射频频谱中正在发生的情况,例如,"何时让设备发送信号?""在哪里放置基站?"或"哪些频段未充分利用?"等。找到上述问题的答案对于以下方面尤为重要。

- 全面、低成本的频谱活动情况报告有助于监管和政策制定,并可以更好地简化相关决策过程。
- 采用被动管理策略的网络管理系统可以更好地配置网络并确定其规模。同时,频谱代理、频谱数据库或需要更快响应时间的机器可以更好地管理无线网络和网络服务配置。
- 无线通信技术开发人员可以更好地了解当前无线网络的运行情况,并有助于后续技术的改进。
- 开发可行的 RF 3D 扫描技术。
- 可以更好地理解 RF 传播技术。

下面讲解一个基本的流式频谱数据分析系统 Spectrum Streamer,该系统能够自动生成 RF 频谱事件的实时通知、摘要和可视化呈现。Spectrum Streamer 基于流式传输架构和开源代码库[①],可以实时提取时间、频率和能量数据,并按时间和频率检测传输的开始和停止事件。

5.4.1　实时通知

实时通知对于敏捷或动态频谱和网络管理场景特别有用,机器和软件实体可以交换有关频谱的当前状态信息。检测到的传输可用于更新频谱占用数据库,或直接通知其他设备某个信道中正在发生传输。因此,实时通知会生成相对大量的实时数据。

在参考实现系统中,通过 WebSocket 接口可以向基于 Web 的用户界面发送消息来实现实时通知。通知也可以通过其他可用的消息传输协议(如 MQTT 和 XMPP)来实现。为了进行概念验证,创建了一个用于事件可视化和系统演示的用

---

① https://github.com/qminer/qminer。

户界面。如图 5-3 所示,在可视化事件的演示系统中,用于显示事件的用户界面可以为用户提供可视化帮助,并了解后台发生的事件。用户界面是基于 Web 标准和HTML5、Bootstrap 和 Express 等框架实现的。

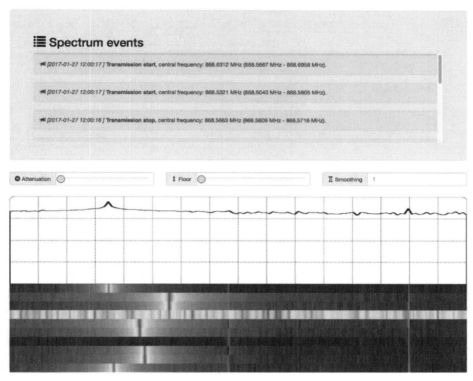

图 5-3 实时监测的可视化界面

其中,用户界面的上半部分列出了已检测到的事件,而下半部分用于描述当前样本和大量最近样本的频谱图。可以看出,近期样本涉及两种不同的传输类型。

5.4.2 统计报告

统计报告可以通过计算已检测到事件的统计信息来生成。历史报告可以被机器或网络管理系统使用,但主要针对人类用户,例如,可以作为监管机构或其他相关机构的报告生成器。

如图 5-4 所示,统计报告的参考实现使用一个额外的自定义聚合器来对各种度量指标进行计数和求平均值,然后显示在报告中。该报告的实现类似于实时通知报告。

报告的顶部显示了整个监测频谱的全局统计信息,例如,传输次数、平均传输持续时间、平均功率和总频谱占用率。然后,该报告分别继续提供每个频率单位和传输统计信息的检测频谱事件。

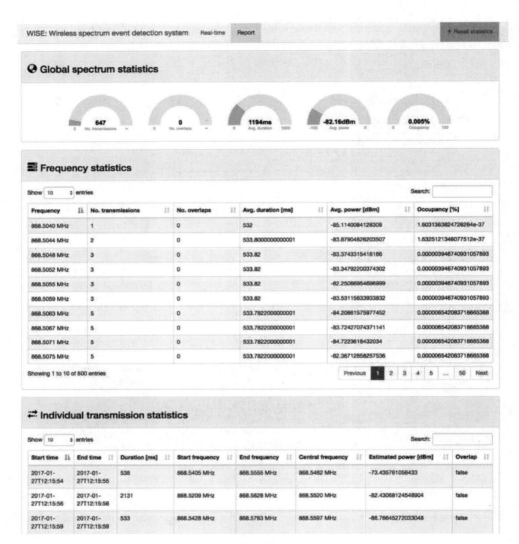

图 5-4   历史报告的可视化

5.5   定制化应用

除了实时通知和统计报告外,还可以利用自动生成的数据开发自定义应用,并将其订阅到频谱流数据的输出中。保留的数据存储区使用键值索引,该键值索引使自定义应用程序可以请求与特定时间和频率相关的信息,例如,特定时间段(某个小时)发生了多少次传输。当来自不同位置的频谱传感器连接到系统时,可以将位置字段添加到数据存储中,并附加地理位置键,以便进行空间查询。通过这种方式,可以构建多种类型的自定义应用程序,从简单的统计到更复杂的干扰图和隐藏节点检测。

范围运算符[①](例如$<$、$>$和$\neq$)对于时间和频率查询是最有用的。此类查询可以基于类似 JSON 的查询语言实现,也可以使用 Javascript 编写过滤器。虽然可以在位置字段上使用范围运算符,但位置信息查询也会受到区域半径(以米为单位)或许多事件记录(即频谱事件)的限制。

5.6 总结

随着数据生产/消费的不断增长以及信息传输的严格时间限制,流式数据处理平台变得越来越重要。早期的物联网流式数据处理平台主要用于收集和显示实时原始传感器测量值。但是,为了做出可行的决策,数据通常必须经过压缩、降维、摘要(映射)、学习与挖掘和可视化等多个处理阶段。

本章讲解了两种类型的数据流处理系统。第一种是基于关系数据库原理的数据流管理系统(DSMS),并引入了连续查询概念。第二种类型不强制执行关系视图,允许创建自定义运算符。同时,基于批处理和流式处理范式出现了两种数据处理架构——支持批处理和流式处理的 Lambda 架构,以及更简单的流式处理架构 Kappa。

5.4 节展示了用于频谱分析的基本流式数据处理系统,该系统可以自动生成 RF 频谱中事件的实时通知,并自动生成统计报告和结果可视化。该系统还支持定制化应用程序的开发。

参考文献

---

① https://github.com/qminer/qminer/wiki/Query-Language。

第 6 章 应用机器视觉技术和物联网

V. García[1], N. Sánchez[1], J. A. Rodrigo[1], J. M. Menéndez[2], and J. Lalueza[1]

1 Visiona Ingeniería de Proyectos, C/Artistas 39, Madrid, Spain
2 Grupo de Aplicación de Telecomunicaciones Visuales,
Universidad Politecnica de Madrid, Madrid, Spain

6.1 引言

正如本书第 1 章引言中所预期的那样，机器视觉研究最雄心勃勃的目标之一是赋予各种数据处理设备人类视觉和认知系统类似的能力。例如，使系统能够识别图像中出现的不同物体，并提供更多的自主权，从而降低人机共享任务中人类的参与程度。

如图 6-1 所示，从视觉和认知角度来看，任何模仿人类的系统都应该能够执行 3 个与视觉相关的关键任务：感知、解释和学习。

感知是对输入的感觉信息进行加工，并获得对环境的感知或理解的过程，这些信息往往是不完整的、变化迅速的。因此，机器视觉系统依赖于由不同类型传感器（主要是来自摄像机、红外摄像机和深度传感器等）收集的数据，并由系统随后进行解释。

对感知到的数据进行**解释**，可以看作是产生并提取新知识或探索的过程。有许多方法可以生成知识，包括简单的分类任务和更复杂的分析技术。生成的知识可以用各种方式表示，如本章和第 7 章所讨论的结构化方式。知识的结构化表示可以通过第 4 章和本章中讨论的技术获得，也可以按照第 8 章所述的方式直接从人类那里获得。

学习是获取新知识或修改已有知识的过程。在过去，大多数系统纯粹依赖基于规则或基于约束的方法，没有提供相应机制来理解设计系统时的不同情况。特别是机器学习领域的最新进展，促进了能够适应新环境和识别新模式的智能系统

图 6-1 物联网生态系统中的感知、解释和学习

的发展。

在安全监控、车辆辅助驾驶或工业控制等领域,许多基于图像的自动检测和分析框架试图模仿人类的上述三种能力。这些框架大多依赖于有限的一组相机和独立的处理模块,这些模块在不同的抽象级别上使机器自动提取和分析必要信息,以解释相关数据。(例如,人体位置移动的识别,以及在智能停车场景中准确的空间和车辆识别等任务。)

机器视觉被越来越多地应用到无人机、自动驾驶汽车、基于专用芯片的可穿戴物联网设备等不同移动应用场景。这些用例对数据分析的质量和速度要求通常很高。例如,需要定义和满足能够使机器视觉系统与环境间有效交互的性能标准,以控制网络机器人或执行器等系统。这些标准可以指导规范每个系统组件的设计,以便找到合适的技术解决方案,例如,专用嵌入式计算芯片(如并行处理器、图形处理器(GPUs)、嵌入式数字信号处理器(Digital Signal Processors,DSPs)或边缘处理器)或基于现场可编程门阵列(Field Programmable Gate Array,FPGA)的智能相机,可用于确保以可接受的速度处理图像数据。

这一章将分析和讨论机器视觉在物联网中的适用性,同时,如第 1 和第 3 章所述,其计算能力可以扩展到各种物体、设备和传感器中。接下来,将介绍机器视觉的基本原理,继续探索机器视觉的研究和发展趋势。然后,介绍机器视觉中的深度学习技术。最后描述机器视觉技术的 3 个物联网应用案例。

6.2 机器视觉基础

人类视觉系统是感知能力与认知能力的复杂结合。其中,感知是通过眼睛等器官对电磁辐射(属于特定的频率集——视觉光谱)刺激的反应。视觉的解释过程由大脑执行,即大脑接收来自眼睛的刺激,并将其转化为对周围环境的认知。由于人类已经能够制造出视频采集摄像机和计算机,因此,在这些设备的帮助下,模拟人类的**观察**和**解释**能力一直是机器视觉的目标。视觉是人类获取周围环境信息非常重要的感觉能力,是物联网领域中最重要的潜在信息来源之一。

首次模仿**人类视觉**的工作始于 20 世纪 60 年代和 70 年代,当时经典信号理论领域中的**数字图像处理**是研究热点,通过大量经典和新的数学算法,以及修改和调整的部分方法,数字图像处理技术可以从图像中提取有意义的信息。从单一图像物体识别到视频分析的转变发生在 20 世纪 80 年代和 90 年代,当时解决了运动物体解释和 3D 结构还原任务,从而产生了**计算机视觉**的概念。然而,准确的识别和分类任务一直是一个开放性问题。在 21 世纪初,基于大量训练数据集的复杂神经网络模型不断出现,实现了在图像和视频序列中检测、区分和识别不同类型的物体、动物和人体等元素。

随着视觉领域中**机器学习**技术的应用,出现了可以模仿**人类视觉系统**解释能力的**机器视觉**方法,主要通过相互连接的原始神经元实现相关功能(有时是**深度学习**方法中设计和使用的复杂人工神经元结构)。

尽管机器视觉的研究范畴尚未得到学术界的公认,但其关键领域可列举如下。

- **特征检测**。相关算法和程序支持从图像中检测和提取有意义的特征。通常是分割、3D 重建或识别等阶段的基础。即使是最复杂的**机器学习**或**深度学习**系统,也会自动生成用于提取特征的大量神经元构造块。在图像或视频中,边界、角点、角度、颜色、几何形状(直线、圆、椭圆等)、特定形状、对

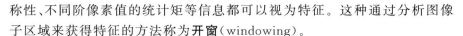

称性、不同阶像素值的统计矩等信息都可以视为特征。这种通过分析图像子区域来获得特征的方法称为**开窗**（windowing）。

- **目标分割**。基于特征的图像基本构造块可以进行特定目标或感兴趣元素的像素和特征组搜索。例如，一旦检测到眼睛、鼻子和嘴唇等特征，则可以对与脸部相一致的整个像素区域（包括皮肤、头发和耳朵）进行**聚类**（从统计学角度来看）或**分割**。经典方法已经从纯粹的计算机视觉算法（基于区域内目标的一致性或有效轮廓，利用统计区域的分裂或合并操作，实现从基本特征到目标特征的分割），发展到能够区分数百种不同对象及其准确轮廓的复杂深度学习方法。

- **运动检测**。该技术涉及视频中序列图像对齐、相机位移估计（如果它是移动的）、观测对象位移估计，或相机和观测对象同时移动的位移估计等方法。运动估计和补偿是目前大多数传统视频编码器（例如，MPEG 系列）的基本步骤。当编码器试图以高质量和较低信息量（比特）来表征和传输视频时，可以通过传输前一帧和后续帧间差异的方法来实现。如果可以通过正确地估计和补偿运动来对齐两幅图像，则可以降低所传输的数据量，该策略可用于数字摄像机的图像稳定。运动检测领域研究最多的技术是**光流估计**，即基于一些先验条件，对图像的小区域进行基于块的平移对齐，例如，图像可被认为是在两个连续帧间微小时间间隔内的刚体，在光照条件下具有连续性或运动中的同质性。目前，基于机器学习方法和大规模标注数据的光流估计研究成果具有较高的准确性。

- **3D 重建**。利用物体的多个视图（来自移动摄像机视频或从不同角度拍摄的独立照片）可以建立图像中不同目标点间的对应关系，进而将二维坐标转换为三维坐标。这就是经典的**立体**（当考虑两幅图像）或**多视图匹配**（如果使用超过两幅图像），并可以进行场景的三维重建。除了对应关系外，更多的方法被研究用于 3D 重建（例如阴影和焦点），以及通过专用模型重建头部、身体、建筑、树木、汽车等部分。从这个角度讲，深度学习方法（依赖于类似的数学约束，例如评价方法）有助于在视觉领域识别和准确重建多个真实世界的三维元素。

- **识别**。识别图像中的所有元素是迄今为止机器视觉领域最具挑战性的任务。所有之前阶段（特征识别、区域分割、运动检测、物体三维重建）都有助于提高物体的识别程度。然而，远远不能标记出图像中的所有元素，尤其是图像中存在相互遮挡、不同物体类型巨大、姿态各异等情况。单一类型物体内在的巨大差异性（如不是所有的台灯都有相同的形式或结构）更增加了识别任务的复杂度，尤其是，合成类物体识别的变体数量可能会大大增加。经典的做法是，将任务分解为几个方向的识别问题。其中，通过扫描图像匹配特定形状的目标分割是最快速的。如果物体形状不是确定的，可以通过获得特定特征(脸部的嘴、鼻子和眼睛)来表征独立的姿态或视角。过去的十年,深度学习方法极大地推动了图像元素分类别识别能力的提升。针对图像识别问题,一些公司和国际会议已经建立了年度竞赛,以逐步提高在海量照片中识别不同物体(人、动物、家具、建筑物等)的准确性,例如,大规模视觉识别挑战赛(ImageNet Large Scale Visual Recognition Challenge,ILSVRC)。

6.3 相关工作概述:物联网中机器视觉的发展趋势

新技术的出现有助于机器视觉系统中感知、解释和学习机制的集成,进而提高受限应用场景的精确性和鲁棒性。

6.3.1 改善物联网的感知能力

新 3D 成像组件可以在较低分辨率下实现相对较大的视野范围。高光谱和多光谱成像设备也越来越支持高分辨率图像。此外,在物联网框架下,从多个传感设备获取训练数据可以显著提高检测性能。结合物联网功能和上述方法获得的额外信息,可以得到物联网生态的准确表征,并从中提取语义分析结果。组合不同的传感器可以产生乘数效应,即聚合数据的价值高于单个感知源的附加值。通常,物联网生态中每个元素至少都有一个最低的应用智能水平,触发该水平有助于实现物联网数据的协同应用能力。

正如第 1 章中所讨论的,环境感知是物联网系统的关键。因此,感知管理是每个基于物联网的行业都可以获利的公共服务,包括关键领域的安全服务。改进的感知与改进的信息访问密切相关,通过相关改进可以使感知管理和处理中获得的数据有序、安全地进入物联网系统。

此外,传感器可以通过协同工作来以减少数据冗余,并提高数据质量,以便从物联网生态中获得最可靠的信息。例如,将多个摄像头部署在自然环境中,天气传感器可以显示哪个摄像头可以给出不同情况下的最佳信息(在白天,高分辨率摄像头工作效果好;在雨天,高分辨率摄像头可能会提供太多细节,导致雨滴产生了大量假数据,因此,用夜间红外摄像头的效果会更好)。

6.3.2 改善物联网的解释和学习能力

抽象地说,深度学习是机器学习的子领域,它同时可以处理大规模数据,并能够提高机器视觉系统复杂分类任务的精度,因此吸引了机器视觉领域研究人员的广泛兴趣。计算机视觉领域的这一趋势在物联网中也非常重要,因为物联网面临着如何从传统机器学习技术受限的复杂环境中可靠地挖掘真实世界的物联网数据。深度学习被认为是最有希望解决这一问题的方法。

　　然而,深度学习模型通常是计算密集型的,需要很大的存储空间,因此,这种基础设施并不总是可用,只能由强大的服务器或云服务来提供支撑。如第3章所述,嵌入式计算或边缘处理模式应运而生。在物联网的边缘处理中,开发适用于终端设备的高效深度学习方法是领域重点,其目标为在不降低准确率前提下减少传统深度模型的推理时间开销。

　　总之,在移动设备(例如,无人机群)或处理能力有限的固定边缘计算设备上执行深度学习模型是计算机视觉领域面临的一个主要问题。随着计算机视觉算法复杂度的降低,降维和低精度推理是实现低设备依赖、快速解释和学习能力的主流技术。

6.4　面向情境感知的通用深度学习框架

　　以 Alexnet 或 Resnet 为代表的通用图像分类深度神经网络模型需要在具备多个 GPU 的高性能服务器(如谷歌云和 Amazon Web Services)上训练。然而,缺乏计算资源模型时的训练时间会显著增加。此外,物联网设备的处理能力往往是有限的。而且,调整和评估深度神经网络模型是一个迭代过程,模型训练相当耗时,并难以预测。所以,通常使用大型的预训练模型作为起点;然后,按照迁移学习模式利用预先训练权重和预定义神经网络架构建模型,这样可以大大减少深度学习应用所需的训练时间。例如,从不同角度进行特定的图像分类或物体识别。因此,按照上述流程,可以用更少的资源创建更精确的机器视觉系统。

　　通过迁移学习过程,可以获得适应特定任务需求的高精度深度学习模式,且训练要求较低。因此,为不同的物联网计算机视觉任务生成不同的模型成为了可能。

　　鉴于迁移学习可以为每个特定任务生成一个模型,如图 6-2 所示,旨在改善物联网情景感知能力的通用深度学习框架的多个阶段均可以通过物联网基础设施实现。因此,基于机器视觉的深度学习框架,只需改变相应的深度学习模型,即可使用相同的物联网组件来满足不同需求。

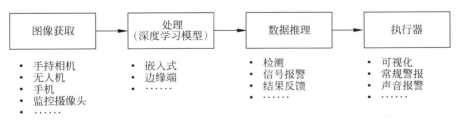

图 6-2　面向情景感知的通用深度学习框架

- **图像获取**。由手持相机、手机、无人机或监控摄像头等各种传感器来执行。
- **处理**。根据计算需求差异部署在不同的处理组件上,嵌入式或边缘处理设备可以满足低计算处理需求;而密集处理需求则需要额外支持。

- **数据推理**。对处理组件接收的抽象信息来提取特定信息,进而生成警报或深度学习框架的任何类型任务结果。
- **执行器**。根据处理和数据推理组件的输出,既可以执行显示警报等简单操作,也可以执行扫地机器人等复杂任务。

由于等效性,在某些情况下,一个组件可以管理多个阶段。然而,一旦确定深度学习框架则可以支持多个任务同时进行。

以关键基础设施监管(环境/结构变化检测)和入侵检测为例。尽管这两个任务可以通过分析相同视频输入(如果同一站点上需要执行上述两类检测警报)实现,但上述任务需要不同的处理流程:对于关键基础设施监管任务,深度学习模型需要提供给定参考图像间的变化信息;而对于入侵检测任务,则需要深度学习模型提供图像中检测到的人员信息。因此,区分这两个模型至关重要。相同的图像获取组件可为不同的深度学习任务模型提供相同的图像输入。相同的数据推断组件可以产生不同的信号输出(例如,危险区域的人或植物周边异常的土壤变化),不同的执行器运行不同的警报程序(例如,激活声音警报或关闭导致土壤变化的管道)。

因此,本节介绍的深度学习框架具有高度的灵活性和对于多种场景的适应能力,能够在边缘计算设备上利用深度学习实现自动化监视任务。此外,只需通过修改针对特定任务而定义的深度学习模型,该框架就可以适应其他物联网检测场景。

6.5 物联网相关垂直领域中深度学习的影响评估

6.4 节所描述的通用框架已经部署于许多应用领域。接下来将介绍这些具体应用,并评估不同场景下深度学习在边缘计算环境中的性能。

6.5.1 基于认知无人机系统的关键基础设施感知

近年来,能源行业开始采用人工操作的无人机在人类难以到达的地区进行视觉巡查。但是,人工参与降低了该解决方案的可扩展性。为克服这一限制,智能无人机系统被不断用于关键基础设施的空中预防性维护。

能源生产、大规模工厂以及相应的电力或天然气资产等特殊环境都能受益于依赖计算机视觉的自主系统,通过高度智能的方式感知、推理和行动,可以实现(1)敏感模块的高效故障检测,并改善安全环境;(2)在预先指定区域进行自动化控制检查和定量测量,提高快速响应的工作质量和维修时间;(3)在执行不可接近建筑物的检查任务中提供避免损害土地的环境友好型解决方案。上述因素都有助于降低预防性维护成本,并提高电力网络的可靠性。

例如,处理热成像相机获取的图像可以提供热点区域的早期预警响应。预警信号温度可以按需设置,并使用多个目标区域和报警检测。当警报发生时,故障的视觉信息和确切位置信息将在极早的阶段供操作员验证,相应结果如图 6-3 所示。

图 6-3 在关键基础设施的气体储存区热成像图中,突出显示了导致警报的三个高温异常区域

未来的无人机系统面临着高功耗、飞行覆盖范围有限和缺乏灵活性等挑战(例如,为提高系统精度并支持最大负载,需要避免额外集成处理设备)。复杂环境的自动检测技术需要无人机搭载高性能 CPU,但此类设备能耗较大。如文献[35]所述,该需求推动了无人机应用从嵌入式处理器到网络边缘云端加速的任务迁移技术研究。然而,由于边缘节点处理能力有限,需要利用新的边缘计算卸载策略来优化物联网深度学习应用的性能。

6.5.2 基于智能嵌入式系统的公共空间感知

在物联网其他领域的应用中,智慧城市的主要目标是打造更高效和可持续的城市服务。其中,泊车是智慧城市计划的重要方面,并有可能对交通系统效率和环境质量产生重大影响。

在物联网系统中应用机器视觉技术可以为智慧城市提供停车解决方案,尤其是这种性能提升所需的基础设施与普通的现代城市基础设施(摄像机、通信系统和嵌入式视频处理的分布式网络)紧密相关。

在基于固定相机图像的停车位占用情况分析案例中,需要使用自定义数据集和公共数据集训练深度神经网络模型。其中,公共数据集包含大量适合于训练和验证模型的停车场、天气条件和汽车颜色数据。

该案例的目的是创建一个与相机位置、天气或光照情况无关的停车位占用情况预测模型。其实现方法与文献[37]类似,基于 Keras 框架,在输入层之后定义了3 个卷积层,最后一个卷积层后接入 Flatten 层,用于将矩阵拉伸为一维向量。为平衡信息的过度拟合、模糊以及向量大小,将 Flatten 层的输出向量长度定义为 64 个元素。之后的激活层采用 RELU 函数来选择向量的最显著特征系数。为避免过拟合,将 Dropout 层的丢弃系数设为 0.5,以平稳过渡的节点丢弃和避免过拟合风险。倒数第二层是 Dense 层,用于调整模型最终输出矢量的大小。该项目中,最终输出的预测结果是[0,1]区间的概率值。为了获得训练模型,需要将原始图像转换为张量数据。数据增强(样本裁剪、缩放和水平翻转)可以从原始数据集生成额外数据,进而增加数据的多样性。所生成的模型可作为预训练神经网络,按照迁移学习过程,可以得到所需模型的结构和权重。

为使预训练模型适应该案例方法与输入数据,需要对神经网络结构进行修改。因此,利用新数据集训练新模型,使所获得的网络权重适应新的输入和数据特征。因为,新模型是基于一个正确的预训练模型,而非始于未初始化的网络参数,这样可以大大减少神经网络的训练时间,并提高新模型对数据集的拟合速度。相关测试结果如图 6-4 所示。

算法	分布式停车算法	PKlot算法	所提出算法
测试准确度(%)	99.3	99.3	99.522

图 6-4　深度学习模型的阴影和光线鲁棒性

6.5.3　基于无人机高清图像的预防性维护服务对比

在处理高分辨率图像和复杂的深度学习算法时,嵌入式或边缘系统的计算能力往往无法满足需求。因此,通过卸载无人机的飞行控制和图像处理能力,搭载高清图像传感器的无人机可以提供有效的预防性维护服务。

使用 6.4 节所述的框架不仅可以针对不同任务改变深度神经网络模型,还可以针对同一任务对不同算法进行基准测试。这有助于在项目原型阶段决定哪种算法最适合所需执行的任务。

基于深度学习的鲁棒目标检测技术也引起了研究领域的广泛关注,其典型代表就是 YOLO 算法。基于卷积神经网络,YOLO 将输入图像分割成预设尺寸的网格。对于每一幅图像,YOLO 算法都预测一定数量的边界框,并用置信度反映边界框的精度。除此之外,YOLO 算法还能预测每个边界框的类别。最后,边界框锚点坐标和类别向量是算法的最终输出。

为提高精度,YOLO V3 对网络架构进行了略微更改,同时处理时间也稍微增加了。与其他基于候选区域(例如,SSDs 算法)和基于回归的方法(例如,循环卷积神经网络)相比,YOLO V3 可以取代传统的滑动窗口算法,既能够降低计算成本,又可以提高预测准确性。在航空影像车辆检测场景中,对 YOLO V3、SSD Mobilenet v2 和 R-CNN 算法性能进行了比较。其中,SSD 算法计算需求低,实时性好,故可作为对比算法。而 R-CNN 通常精确较高,但计算速度较慢。此外,在循环神经网络中引入锚点框思想可以进行目标检测,这些锚点可以适应不同尺寸的输入图像,并使用不同的比率来训练和测试图像检测性能。

为比较不同算法,采用了航空影像车辆检测数据集(Vehicle Detection in Aerial Imagery,VEDAI)进行实验。该数据集提供了多角度视图,以及相同图像的不同光谱波段和分辨率影像,这有助于避免神经网络的过拟合,并为训练检测算法提供了良好的基础。

尽管算法各有不同,但评估的目的是度量算法的精度,尤其是测试模型在VEDAI 数据集上的平均精度(Average Precision,AP)和交并比(Intersection over Union,IoU)。平均精度与神经网络模型的召回率和精度有关,其定义为等间距召回值的平均值:

$$AP = \frac{1}{11} \sum_{\text{recall} \in [0.0, 0.1, \cdots, 1]} \max(\text{precision}(\tilde{r})), \quad \tilde{r} \geqslant \text{recall}$$

此外,交并比(IoU)表示预测边框与真实边框交集与并集的比值。如图 6-5 所示,在基于 VEDAI 数据集的精度和速度测试结果中,用每秒帧数(Frames per Second,FPS)表示不同算法的处理速度。

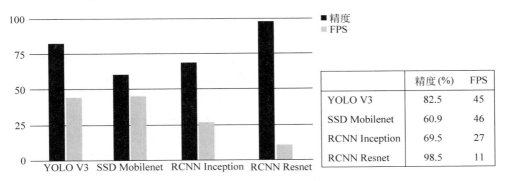

	精度(%)	FPS
YOLO V3	82.5	45
SSD Mobilenet	60.9	46
RCNN Inception	69.5	27
RCNN Resnet	98.5	11

图 6-5 不同测试算法的精度(%)和 FPS

6.6 最佳实践

仅有部分传统机器视觉系统可以对不同传感器信息进行融合分析,或者通过集成反馈机制来降低特定背景下的不确定性和噪声。例如,热成像摄像机可以将热感信息添加到视觉信息中,以提高检测效果,减少错误警报。但在初始部署后,系统的可扩展性不足以支持新传感器或新图像处理模块的加入。

在物联网场景下,该问题变得更具挑战性,网络连接和计算能力的扩展涉及终端设备、传感器等多种对象。充分考虑物联网设备有限的计算能力,物联网设备的可扩展性是其在机器视觉中成功应用的关键因素之一。因此,该行业需要通过标准化来保证智能设备和系统间的通信和元数据共享。

目前,物联网系统不再是被动地采集数据,而是主动地处理数据,并进行低人工干预的数据学习。在这个新的机器视觉时代,如何进行软件更新或固件升级尚待进一步解决。目前智能手机和智能设备一般都具有需要用户干预的空中下载(Over the Air,OTA)更新机制。但该过程无法保证平稳无错误的软件运行,甚至可能会导致设备瘫痪。对于非干预的 OTA 流程,需要让设备在无人工干预的情况下进行更新,并避免设备的错误更新。新的更新过程可以让设备在安全模式下运行,提醒更新错误状态,并搜索新的无错误更新服务。

最后,为了利用机器视觉更好地分析和处理接收到的图像数据,必须对传输图像进行编码,并尽可能快速无错误地重建。常规方法采用不同的图像校正算法来检测和校正图像中的错误。大多数图像重建过滤器算法利用近似位来代替损坏位。但由于只有部分图像受损,没有过滤器能够完全恢复图像,因为在上述过程中,非受损部分图像编码也会被修改。

6.7　总结

本章分析和讨论了目前机器视觉和机器学习技术在物联网应用中的发展趋势。将计算能力扩展到多种终端设备、传感器等对象,使其更加智能,不仅可以发展机器视觉技术,还可以集成增强的感知、解释和学习机制,进而显著提高物联网系统的精度和鲁棒性。在处理能力受限的物联网移动端或固定边缘端设备中部署深度学习模型的最佳方法,是本章所讨论的开放性挑战。

同时,本章提出了一种面向改善情境分析和感知的通用深度学习框架。最后,通过一系列案例讲解(例如,使用无人机感知维护发电厂或石油管道的案例),描述了关键基础设施感知面临的挑战,进而展现了机器视觉领域的最新进展。

参考文献

第 7 章

数据表示与推理

Maria Maleshkova[1] *and Nicolas Seydoux*[2]

1 Computer Science Institute, University of Bonn, Bonn, Germany
2 Departments of SARA and MELODI, LAAS-CNRS, CNRS, INSA, IRIT,
University of Toulouse, Toulouse, France

7.1 引言

不同领域的知识可以采用不同形式表示。对于人类,我们通常用自然语言进行表达,例如,文本可以用来描述我们所知道的事情。自然语言是非结构化的,因此,机器处理自然语言较为困难,而便于机器加工处理的各种结构化知识的表示方式由来已久。如本章所述,语义技术是一种重要的结构化知识表示和推理方法。从知识表示角度讲,物联网面临着与万物互联所产生数据相关的两个主要挑战——互操作性和系统集成。

物联网的愿景是利用互联网标准将各类嵌入式设备(例如,病人监视器、医疗传感器、拥堵监控设备、交通灯控制器、温度传感器和智能仪表等)连接起来。正如第 11~14 章的案例所述,物联网技术潜在的新业务应用以及现有业务流程和应用的改进前景极为广阔。即使现实生活中的对象最终能够参与到综合场景中,但使用独立和特定的交互机制和数据模型会造成连接设备的孤岛,或导致传统解决方案无法继续使用。正如第 2 章所述,物联网设备与网络的联系越来越密切,但需要通过异构网络使用非标准化接口来实现数据通信,并为每种类型设备引入新的数据模式。这导致缺乏整体集成,而且相关解决方案不能轻易地扩展和重用于不同的应用领域。

集成工作的有限性乃至缺乏影响了使用指定设备监测、记录数据,以及特定领域知识的数字化进程,例如,试验记录、指南、常规程序等。这使得大量数据难以整合、处理和管理,甚至这已成为领域专家日常工作的一部分。因此,很难从现有数据中解决特定问题或任务，而且几乎不可能掌握所有相关信息的整体情况或了解其最新状态。

语义技术可以用来解决当前物联网面临的一些挑战，通过抽象出特定的数据格式，研究物联网概念层面的含义，这有助于形成促进互操作性和系统集成的解决方案。

7.2　基本原理

不同于特定格式、语言或语法结构，语义技术不是一种单一的技术，而是基于语义处理数据思想的一系列工具和技术的集合。随着语义网（Semantic Web，SW）的引入，语义技术也得到了普及。文献[1]首次提出"常规"网络局限性的语义网络的概念，它仅适用人类之间使用，而机器难以理解。语义网技术旨在用表达性很强的词汇表（即本体）来描述数据，以支持机器对数据的理解。

语义技术的标准主要以资源描述框架（Resource Description Framework，RDF）、SPARQL 和本体 Web 语言（Ontology Web Language，OWL[①]）为基础。其中，RDF 是语义技术在 Web 或语义图数据库中描述资源的一种格式。它不是为了便于用户阅读和解释，而是为了让计算机阅读和理解语义。SPARQL 是一种查询语言，用于跨语义网或在各种系统和数据库中查询数据。OWL 是一种基于计算逻辑的语言，用于描述数据模式，并表示事物层次结构间丰富复杂的知识及关系。

通过独立于数据的形式化语义和上述主要技术的运用，基于语义的处理模式可以使机器能够理解、共享和推理数据，从而创建更多具有新附加值的应用。

RDF 和知识图谱。语义网资源、关系及其特性可以表示为 RDF[②] 中定义的图结构。RDF 图结构基于<主体，属性，客体>三元组：

- 主体（subject）是三元组所表示特性的资源；
- 属性（property）是所述特征的标识符；
- 客体（object）是主体的属性值。

RDF 是一种支持描述资源的语言，但其语义有限。为了获得表示本体所必需的表达能力，RDF 的扩展版本（如 RDFS[③]）可以描述类别间分类和非分类关系的词汇表；OWL 可以支持本体描述中的一组扩展逻辑公理。

RDF 三元组可以通过描述词汇表及其属性来定义本体，其他的则使用先前定义的本体来描述数据。本体与数据间的关联被称为知识图谱（Knowledge Graph，KG）或知识库（Knowledge Base，KB）。

---

① http://www.w3.org/2002/07/owl。

② https://www.w3.org/RDF。

③ http://www.w3.org/2000/01/rdf-schema。

利用知识。RDF、RDFS 和 OWL 支持将知识图谱描述为图结构。因此,为了从知识图谱中检索知识,查询语言必须能够描述图模式。SPARQL[①] 定义了一种查询语言,其设计初衷是支持从 KB 中检索知识,后来已扩展为支持插入、删除或执行等操作。

除了直接查询,语义技术可以通过设计互操作来提高数据的可重用性。这是物联网解决方案可以带来附加值的主要特点之一。特别地,当本体概念用来描述知识图谱数据时,关联本体概念与可解析的国际资源标识符(International Resource Identifier,IRI)能够根据需要发现某些有意义的潜在知识。

在本体论中引入 RDFS 和 OWL 的形式描述,可以支持推理引擎或推理机进行数据处理。推理机是一种可以从知识图谱中自动推断新知识的软件,其实现依赖于:①所包含的数据;②本体中所描述的数据依赖和关系。

7.3 SWoT

在物联网环境中使用语义网原理和技术,所产生的交叉领域被称为语义万维物联网(Semantic Web of Things,SWoT)。SWoT 的演进路线是渐进的——首先利用 Web 网络协议统一数据和事物的可访问性,然后引入语义网原理形成 SWoT 的整体概念。

简而言之,WoT 即将物联网“放”到互联网上,以弥补应用程序和物联网设备在技术层面上的差异,它采用了互联网原理和技术作为通用的通信底层。万维物联网(Web of Things,WoT)的概念最早起源于文献[6,7]等相关研究,后来,文献[8]将其定义为“通过互联网连接和控制(物理和虚拟)事物来实现物联网的一种方法”。在异构物联网通信网络的顶层 WoT 提供了基于网络协议的数据和 IRI 标记事物的统一访问方式。

尽管 WoT 网络上的事物由 IRI 标记,但是目标设备无法通过 HTTP 协议通信。这样就有必要用一个代理在底层上连接 WoT 网络,即将 HTTP 映射到自组织的物联网协议。在应用程序与 Web 服务器通信中,服务器通常不直接连接到物联网设备。因此,需要部署专用网关以确保通信质量。

从 WoT 到 SWoT 的演进过程中,网络技术为设备和物联网数据的应用带来了技术层面的互操作性:应用程序可以通过共享协议(例如,HTTP)访问设备。但是,完全的互操作性远远不止通信能力。这就是可以平行于 WoT 开发 SWoT 实现物联网中语义互操作的原因。如图 7-1 所示,SWoT 的概念涵盖物联网和万维物联网中语义网原理和技术的集成。

物联网和语音网络领域的融合是其共同动机(内因)推动的结果——用机器生

---

① https://www.w3.org/TR/sparql1.1-overview。

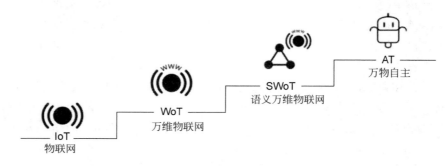

图 7-1　物联网的演进

产数据内容,并为机器所消费使用。

7.4　物联网集成语义

　　为支持物联网的发展,我们做了两个主要贡献:①IoT-O 为实现互操作性和集成提供基础;②利用辅助"数字"特征增强物理物联网设备能力的数字孪生方法。上述两项贡献可被定义为 SWoT 参考架构,其详细描述如下:SWoT 参考架构定义了相关设备类型、特性、连接性、在 IoT 网络中的角色,从而可作为形成集成解决方案和方法的基础。

　　如图 7-2 所示,SWoT 架构包括三类参与者:云资源、雾节点和设备。其中,云资源以网络可访问性和资源弹性分配为特征,是 SWoT 应用的重要中继。大规模物联网系统收集数据,然后,汇聚到云端进行处理、存储和访问。2012 年提出的雾计算范式位于网络边缘,在云端节点和物联网设备之间提供处理和存储能力。雾节点具有大规模分布式、异构、在物联网设备和云端节点间处理能力有限等特性,因此,将万物连接到云端节点的标准物联网网关是雾计算架构的重要组成部分。此外,设备也是 SWoT 架构的参与者。

　　总之,服务器、网关和设备构成了如图 7-2 所示的三层架构模式:云-雾-设备。在该模式中,用户端通过 Web 协议访问云端节点公共服务,雾节点充当连接到物联网设备的网关。尽管相关术语表述不尽相同,但上述云-雾-设备模式经常在相关研究中出现,相似的架构在文献[12～16]中也有涉及。

　　基于上述特征和架构的参与者,下面介绍 IoT-O 和数字孪生方法。

7.4.1　IoT 本体论和 IoT-O

　　不同设备、不同应用用例、领域和网络结构导致了大量异质性。语义技术,特别是本体论可以从概念层面提供共享和通用的理解能力来克服上述异质性。

　　目前,有许多本体论技术支持 SWoT。其中,致力对传感器和观测值建模的语

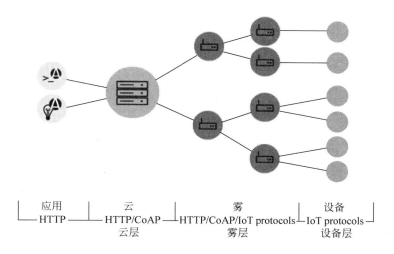

应用	云	雾	设备
HTTP	HTTP/CoAP 云层	HTTP/CoAP/IoT protocols 雾层	IoT protocols 设备层

图 7-2　SWoT 参考架构

义传感器网络(Semantic Sensor Network,SSN)本体论[1]最为著名,最近已被扩展到涉及执行器、样本,以及传感器开放系统架构(Sensor Open System Architecture,SOSA)[2]。由 W3C-WoT 工作组提出的 WoT 本体论[3]旨在进行物联网涉及的事物描述。它定义了与 WoT 架构相关的术语,并且只关注设备交互,忽略 SSN 中存在的物理或部署特性元素。作为 oneM2M 标准的一部分,oneM2M 基础本体论在技术规范 TS-0012[4]中有所记录,它定义了与 oneM2M 标准架构相关的设备、服务或变量等高级概念。IoT-Lite[5]是一个轻量级核心领域 IoT 本体论技术,它提供了SSN 本体论的第一个版本,具有启动设备或服务等术语的高级定义。最后,http://schema.org 给出了一个轻量级的本体论技术,提出了与在线发布资源相关的各种概念,并已增加了包括物联网扩展[6]在内的特定领域词汇表。

　　为实现物联网数据处理和互操作开发的通用解决方案和应用基础,上述本体概念可以统一到 IoT-O 架构下,即以 SSN 为依托,按照一组设计需求定义相关本体,并遵循已建立的本体建模方法(例如,NeOn)。

　　相关设计需求可分为两大类——概念需求和功能需求。

　　概念需求。概念需求决定了本体的主题范围,可确定与核心领域物联网本体的相关概念。这些可能已经被现有本体部分覆盖或重新定义。

• 设备和软件代理是物联网系统的两个基本组成部分,由物理和虚拟元素组成。

---

① http://purl.oclc.org/NET/ssnx/ssn。

② http://www.w3.org/ns/sosa。

③ http://w3c.github.io/wot/w3c-wot-td-ontology.owl。

④ http://www.onem2m.org/technical/published-drafts。

⑤ http://iot.ee.surrey.ac.uk/fiware/ontologies/iot-lite。

⑥ https://iot.schema.org。

- 传感器是一种获取数据的设备,其观测值描述了采集环境和系统收集的数据。
- 执行器是使系统能够作用于物理世界的设备,其行动表示所执行的任务。
- 联网设备可视为服务提供者和消费者,并且通过指定服务概念,可以表征物联网系统的某方面能力。

功能需求。本体的一些最重要特征包括可重用性、与已建立本体的兼容性和可扩展性。上述性能由下列需求保证。

- 本体与上层本体一致。上层本体论定义了横向的抽象概念,尽管过于宽泛,不能直接包含于应用程序中,但能够覆盖来自不同垂直领域的概念。
- 本体是基于本体设计模式(Ontology Design Pattern,ODP)的。ODP 类似于在软件工程中使用的设计模式,可以基于已识别特性,获取与应用程序无关的结构,为已知的经常性问题提供解决方案。
- 为达到最大程度的外延,本体符合链接开放词汇表(Linked Open Vocabularie,LOV)①要求。
- 本体是模块化的。如文献[21]所述,在分离的模块中设计本体,更易于维护、重用和扩展。
- 重用现有资源。在设计新的本体时,重用现有资源有助于避免重新定义,并支持互操作性。

模块化核心领域物联网本体 IoT-O。为统一现有物联网本体,同时提供满足上述要求的解决方案,下面介绍核心领域模块化物联网本体 IoT-O②,③。IoT-O 模块化架构如图 7-3 所示。

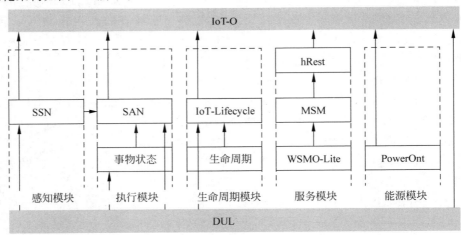

图 7-3 IoT-O 的模块化架构

---

① https://lov.linkeddata.es/dataset/lov。
② https://www.irit.fr/recherches/MELODI/ontologies/IoT-O。
③ https://lov.linkeddata.es/dataset/lov/vocabs/ioto。

通过重用现有本体(例如,传感器的 SSN 或服务的 MSM)可以满足概念需求。当现有本体不能覆盖目标域时,才需要创建新的模块,例如,SAN[①] 可以用来描述执行器。如图 7-3 所示,箭头表现了模块之间的依赖关系。

IoT-O 的本质是位于不同模块之上的统一层,具有独立于应用程序的物联网领域概念,可以提供用于连接底层模块的类和关系。

由于许多概念已经在模块中进行了定义,IoT-O 的核心是有限的——只定义了 14 个类(共 1126 类,涉及所有模块)、18 个对象属性(共 249 个对象属性)和 4 个数据属性(共 78 个数据属性)。核心模块不用于定义新概念,而是旨在连接现有模块。作为核心领域本体,IoT-O 可以根据具体应用需求和实际设备和服务进行扩展。这个设计灵感来自 SSN,使得 IoT-O 与应用无关。本体的修改可以作为问题(issue)提交到本体公共 git 库中[②]。

下面,基于 IoT-O 概念介绍数字孪生方法。

7.4.2　数字孪生方法

当前,在大多数情况下,从"干净"的初始状态设计物联网解决方案是不可能的。有时会存在遗留系统、机器等硬件,以及已经建立的处理流程。这为新物联网架构和方案实施带来了一系列约束和要求。不能简单地更换不合适的原有设备,例如,即使正在运行的生产过程长时间中断也不能直接替换。为了应对这些挑战,需要一种可以在新流程能力得到充分测试之前,仍保持与已建立流程完全可操作的迭代方法。

在这种情况下,可以引入数字孪生方法——现有硬件组件通过数字表征来增强传感器数据和硬件功能,并通过软件来进一步丰富新特征。第 14 章阐述了数字孪生在工业 4.0 场景中的作用,其数字特征如下。

- 预测组件需要维护或更换的时间;
- 控制行为的规则;
- 从组件规范和手册中获得可用背景知识和数据;
- 自动化功能,例如,安全和关闭功能;
- 学习如何即时运行的特征。

数字孪生是硬件组件在软件和过程层面上的集成,不仅可以弥补硬件的不足,还可以提供附加功能,避免硬件的彻底检修。

针对改进的 IoT-O 框架中软件代理概念,提出了一种对每个物理对象用数字资源表示的自描述性方法,例如,数字孪生表征。如果物体可以单独发送或接收消息,或需要增强通信能力,可以将其在网络物理资源中进行区分。数字孪生概念的

---

① https://www.irit.fr/recherches/MELODI/ontologies/SAN。
② https://framagit.org/IRIT UT2J/ontologies。

定义基于 IoT-O 框架中的软件代理概念,每种识别资源都可以通过 URI 访问,并允许直接引用。每个资源都包含其类别、位置、功能和能力的描述,以及其他链接信息。上述数据的描述格式由 RDF 提供,并提供资源的语法和语义定义声明、特征和现在状态。如图 7-4 所示,数字孪生的自我描述组件是必不可少的,因为只有在考虑所直接提供信息及相关资源本身的情况下,才能保证不同集成层之间的数据流。

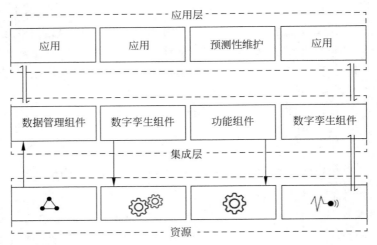

图 7-4　数字孪生通信层

数字孪生是一种基于物理组件或设备的数字资源。在参与式应用环境下(参见图 7-4 中的应用层),可以通过在语义定义的 RDF 中描述其当前状态,并以通用容器形式提供不可描述对象的所有已知信息。尤其,当发出数字孪生请求时,可以通过交付和执行算法隐式地进行本地知识处理。

除了资源和状态表征外,数字孪生方法也需要支持数字孪生组件间,以及其他组件间的通信。为便于分布式通信,可以将数据交互模式限制为 4 种基本方法——创建、读取、更新和删除(Create,Read,Update,and Delete,CRUD)。限制上述方法的调用会极大地降低建模行为的可能性。然而,这种方式可以更好地集成通用协议(HTTP),因为这是实现基于 SWoT 架构的先决条件。此外,只有减少基本操作才有机会充分利用隐含假设背后强大的接口。同时,可以通过数字孪生组件实现一部分简单的映射。

此外,将交互方法限制为 CRUD 操作也可以简化数据管理操作。最后一个待解决的相关挑战是不同通信协议的使用。数字孪生可以支持最常用的协议,例如,HTTP、WebSockets 和 OPC-UA。其中,HTTP 是互联网最通用的协议,是 Web 实现的基础,尤其是低入门门槛和广泛应用使 HTTP 成为快速可靠的去中心化通信的首选协议,客户端-服务端分离是其成功的主要因素之一。通过实际资源通信协议和 HTTP 的映射,数字孪生组件可以支持不同协议,因此,数字孪生组件接口可以使用 HTTP 交换所有消息。

基于数字孪生概念和通信能力可以创建基于 SWoT 架构的解决方案,从而实现异构物理设备和软件组件的无缝衔接,并实现增值应用服务。

7.5 用例

面向 SWoT 的物联网和语义网融合是由互操作性需要而驱动的。语义互操作性的实现便于部署通用应用程序,底层技术可以从设备和服务的互操作性描述中抽象出来。为便于说明,下面以智能工厂的维护场景为例进行介绍。

在工业领域,维护是工业服务的一个典型例子。鉴于其重要性,工业维护背后的一些概念随着时间的推移而不断发展。传统意义上的维护业务是以事务性方式组织的。这表明,维护服务是一种对机器故障等事件的反应,因此可以保证设备的持续运行,直到设备出现故障,这种维护方式通常被称为**反应性维护**。然而,研究人员意识到了预防机器故障的重要性,并设计了主动预防措施维护策略。其中,主动维护可分为基于时间的维护(Time-based maintenance,TBM)和基于状态的维护(Condition-based maintenance,CBM)。

在 TBM 模式下,维护操作根据故障时间定期触发数据分析。在这种情况下,基于历史数据的分析可以进行平均无故障时间估计,以定期地安排维护工作。因此,TBM 模式的核心假设是设备的故障行为与历史数据相关。该方法可进一步分为简单的时间维护和基于实际机器使用时间的维护这两种。在 CBM 模式下,一旦达到某个条件阈值,就会进入维护操作,其目标不仅是预防故障和最小化故障成本,而且需要在必要时进行工业维护,以降低时间延迟。

由于机器的异构性,开发一个通用的预测性维护应用难度较大。然而,将数字孪生与基于可互操作词汇表的虚拟设备描述方法联系起来,有助于这种通用性的实现。一方面,设备和接口的虚拟表征与物理设备无关,而且更具表现力;另一方面,多源(例如,工厂)数据共享相同的词汇表,可以形成用于预测性维护的知识图谱。目前,相关改进方向涉及两个方面:①表征物联网设备采集、处理的业务数据;②表征通过 SWoT 技术获得的网络设备元数据。

7.6 总结

当前物联网技术体系具有强烈的异构性。本章阐述了如何使用语义技术来克服这种异构性,进而实现更好的互操作性和系统集成。此外,通过介绍语义技术的主要原则,以及与物联网的结合应用方式,引领 SWoT 架构的发展。在此背景下,引入 IoT-O 架构作为统一现有物联网本体和开发集成应用的主要方式,并基于 IoT-O 概念进行数据处理和推理。基于 IoT-O 架构介绍了数字孪生方法,通过用软件组件表征硬件来增加相应的辅助功能,实现传感器和设备功能的虚拟增强。作为未来工作的一部分,可以推进实施那些更多直接基于 IoT-O 架构的案例,并提供数字孪生安装程序包,以支持轻松地部署数字化物理资源。

参考文献

第8章　物联网众包和人机回路

Luis-Daniel Ibáñez , Neal Reeves , and Elena Simperl

*Web and Internet Science Department , University of Southampton ,
Southampton , Hampshire , UK*

8.1　引言

  由传感器、移动电话等智能设备构成的物联网(IoT)可以为研究人员、从业人员和最终用户提供前所未有的海量数据支撑、智能决策等新服务,以及大量附加价值。如第1章所述,截至2018年年底,智能手机用户数量已突破30亿,其他可穿戴设备(如手表、眼镜和服装)也正变得越来越普遍,仅在2019年,就有2.45亿部手机售出。在公共领域,**智慧城市**可以利用物联网技术制定更好的政策,提供高效可持续的管理服务。世界各地的城市都进行了大量基于"智能连接"的基础设施建设,涉及公共汽车、路灯、建筑物等,可为数据分析提供极大便利。

  尽管开发人员致力于提高传感器的准确性,并设计了先进的IoT数据存储、管理和分析方法,但公共管理领域意识到物联网技术只是智慧城市战略的重要组成部分之一。尽管物联网技术至关重要,但应该有助于实现更广泛的发展目标,并更加紧贴居民需求。因此,智慧城市通常被理解为以人为中心的城市服务模式,可以为居民提供重要的服务,并使社区和企业能够参与到影响居民决策的活动中。类似地,如第13章所述,物联网在智能电网中扮演着关键角色,传统的生产流水线和能源消费模式已被能源网络边缘的产消者(即生产性消费者)提供的多种能源取代。同样地,社会工程学方法也很重要,将物联网技术与以用户为中心的模式相结合,可以使企业和消费者能够积极参与与其有关的消费和生产决策。

  人类的参与也可以增强技术的效果。随着大数据和数据科学十多年的发展,专家们一致认为机器和手动流程的结合是最佳解决方案,例如,最新的机器学习模型可以处理大约80%的问题。同时,大约19%的案例需要某种形式的人工输入,其余 1% 是随机的。

这种增强技术特别有助于：

- 为设备测量提供背景知识，便于误报和异常值检测。例如，对于医疗健康应用而言，充分考虑测量时所采用的生物手段以及患者的活动描述，对做出正确的诊疗决定至关重要。从更抽象的角度讲，人们通过自己的感知能力对设备功能进行补充。
- 产生真实的数据集以训练机器学习模型。机器学习技术需要大量的训练数据才能有效地进行校准。例如，若没有足够的汽车图像样本，算法则无法识别交通摄像头传输的汽车（详见第 5 章）。手动反馈对于验证机器判断是否正确也非常有用，尤其在自动驾驶等误差要求极高的场景。
- 采集其他方式无法获得的数据。这可以通过市民感知来实现，即将传感器和数据收集功能以众包的形式部署到城市居民周边，例如，通过位置跟踪应用程序、智能设备，或社区项目来吸引居民参加到特定活动。例如，OpenStreetMap[①]。

本章首先介绍了实现上述用例的两种相关方法，即众包（详见 8.2 节）和人机回路（详见 8.3 节），并设计了将机器与人类和集体智能无缝结合的数据科学模式。然后，讨论了智慧城市场景中位置数据众包的两个实例：空间众包（详见 8.4 节）和市民感知（详见 8.5 节）。

8.2 众包

众包（crowdsourcing）一词是"大众"和"外包"两个概念的组合。Brabham 将其定义为发起者组织针对特定目标而提出的一种在线社区群体智能生成模型。群体智能是在共识决策中通过自多人协作、集体努力和竞争涌现的智能。尽管众包时代早于数字时代，但 Web 和 Internet 技术带来的超强连通性可以几乎实时地动员大量人力，从而推动按需服务平台的建立，并为人们参与众包项目获得报酬提供支撑。此外，物联网设备的可用性和便携性弥补了台式计算机的不足，为人类的移动性和独特感知能力与传感器功能的结合提供了多种可能。

从广义上讲，根据任务粒度、工人的任务工作量（以及扩展的复杂性）的不同，众包活动可分为两类——微任务众包和宏任务众包。其中，微任务众包相对快速、简单、可重复，可以由多个志愿者并行完成，而无须特定的培训或专业知识。微任务众包是人机智能结合的重要手段，例如，微任务众包可以提高算法性能。相比之下，宏任务众包过程复杂，需要面向任务的专业知识，并需要花费大量时间才能完成。例如，Kaggle 是宏任务众包平台，而 FigureEight 和 EyeWire 是微任务众包平台。

---

① www.openstreetmap.org。

在许多领域,众包已经成为依靠专家解决问题模式的理想替代方案。只要能够有效协调具备相关技能和资源的人群,并兼顾其需求(动机),则可以快速并大规模地产生理想效果。例如,Kaggle[①] 拥有体量庞大的数据科学和机器学习爱好者社区,相关公司将其需要解决的问题发布为 Kaggle 竞赛,并给出评估指标和大量奖励(通常是奖金)。社区成员可以(单独或小组)参与挑战,并在论坛中交流讨论。在比赛结束时,优胜者将获得相应奖品,而公司则可以获得所期待的解决方案。

另一个例子是 FigureEight[②]。其目标是将公司处理成本较高、不复杂的小任务(称为微任务)进行众包。例如,训练识别自行车图像的机器学习模型需要大量标签数据。通过类似 Kaggle 模式,公司可以上传未标注图像数据集,以及众包任务说明。一旦任务发布到平台后,任何注册会员都可以提供答案,并获得几美分的奖励。为保证答案质量,平台可以要求不同人员标注相同的图像,并将大多数贡献者都同意的答案作为最终答案。

并非所有的众包激励措施都依赖金钱或物质奖励。虚拟公民科学(Virtual Citizen Science,VCS)项目则主要依赖于志愿者的内在动机(包括对科学、利他主义的兴趣以及对研究做出贡献的愿望)。例如,EyeWire[③] 是招募志愿者在视神经磁共振成像扫描中追踪神经元通路的 VCS 项目。EyeWire 采取了一系列激励措施(例如,积分、徽章和排行榜等游戏功能,即时通信聊天服务等讨论功能)来招募和吸引志愿者,同时,志愿者们还可以与项目科学家一起讨论或定期开展竞赛活动,并赢得游戏中的奖励积分。然而,就众包机制而言,类似于其他形式的众包,VCS 项目有多个独立志愿者,并根据多数志愿者的投票情况给出最终答案。

文献[7]中确定了群体智能的四个方面,可以将其作为相关公司使用众包方法的清单。

- **需要做什么?** 因此,人们会被要求做什么? 在文献[15]中,微任务众包平台发布了信息查找、验证和确认、文本或图形的解释和分析、内容创建、调查(客户满意度或人口统计研究)和内容访问(例如,测试服务)等 6 类分类任务。尽管对众包任务内容没有硬性约束,但重要的是要知道其难度、平均花费时间,以及是否需要除普通 PC 或移动电话以外的设备。此外,尽管可以在任何开放式创新环境中使用宏任务众包,但实践表明,确定解决方案的评估方式,以及如何使用最有前途的解决方案极为重要。[④]
- **谁来做?** 可能承担任务的人员概况如何? 需要什么技能? 与雇佣承包商类似,这对于在宣传中兼顾适当的挑战性并吸引合适的受众非常重要。众

---

① www.kaggle.com。

② www.figureeight.com。

③ https://eyewire.org。

④ https://www.forbes.com/sites/ryanholiday/2012/04/16/what-the-failed-1m-netflix-prize-tells-us-aboutbusiness-advice,retrieved 14 January 2019。

包平台可以管理贡献者的资料,并能够更新其技能描述和绩效跟踪。这些信息可供相关公司使用,从而在一定程度上促进最适合该任务参与者的选择。

- **为什么做?** 换句话说,执行任务的动机是什么? 文献[17]中定义的激励涉及财务、利他性、声誉、享受等类型。例如,在 Kaggle 中,人们可以在 LinkedIn 简历中提及参与机器学习挑战而获得的积分和徽章,这些是游戏化技术的示例;也可以在非游戏环境中使用游戏元素来增强参与性。

- **如何确保解决方案质量?** 有时人们在执行微任务时会犯错误,或者为轻松地获得奖励而故意地给出随机答案。因此,最小化意外行为或恶意行为影响的策略对于确保答案质量至关重要。如前所述,在更复杂的宏任务背景下,清晰的答案评估度量可以增加参与的公平性和参与度。文献[21]给出了众包中不同质量控制措施的全面综述,可分为个人评估,即对个人贡献进行评估或评价;集体评估,即通过投票、同行评审汇总或群体共识来评估质量;计算评估,适用于结果可以被自动检查的场景。

一旦回答了上述问题,组织机构就可以实施如图 8-1 所示的众包工作流程。对于"是什么"的问题需要明确给出问题/任务的定义,以及人们可用工具或界面的设计和实现。这可能意味着将使用现有的众包平台、内部开发解决方案(例如,移动应用程序)或使用社交媒体和其他营销渠道。"为什么"问题的答案有助于定义有吸引力的激励模型。"谁来做"部分需要确定在何时何地启动或部署任务,向哪个群体以及如何进行任务分配。任务分配既可以不区分群体成员差异,也可以考虑先前任务的执行情况以及个人喜好和可用性。最后,"如何做"问题可以帮助组织机构更好地理解任务的成功程度,以及选用有效的质量管理工具和方法。

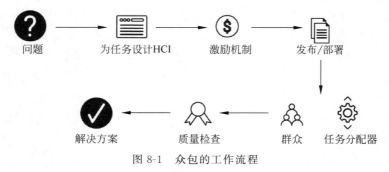

图 8-1　众包的工作流程

8.3　人机回路

人机回路(Human in the loop,HITL)是指满足以下条件之一的系统体系结构。

- 人机交互是工作流运行的基本部分。换句话说,由于技术、法律、道德或其他原因,该过程无法实现完全自动化。在物联网中有很多体现,例如,智慧城市控制中心通过大数据展示和复杂分析,可以进行辅助决策。

- 在机器输出和人工输入之间存在循环的情况,反之亦然。例如,健康监控应用通常会从智能可穿戴设备接收测量结果,以及用户定义的目标,并根据这两者提出行为更改建议。HITL中的"人"是指用户设置其健康目标。"回路"包括由机器学习算法生成的建议,这些建议由用户完成评估。

HITL和众包是相关的,但二者又有重要的区别。众包是一种分布式的问题解决方法,可以应用于计算或自主系统,但是大多数形式的手动输入都假定参与者是大量未知群体的一部分,并且可以协同地解决问题。因此,众包项目的关键是如何将任务分配给参与者以及如何验证和汇总其贡献。HITL不一定涉及分布式。

对于与用户交互的物联网系统,至关重要的是,人类不仅是不可预测性的来源,而且还是单靠数据源和终端设备所无法解决问题的潜在方案。文献[22]调研了用于物联网和网络物理系统的HITL应用情况,并提出了一种可根据应用程序是否依赖于人为控制的分类法,即人类直接控制(例如,无人驾驶汽车)或者监督控制(例如,工厂中的控制),或没有直接控制的人为监视。进一步,后者可分为开环和闭环应用。其中,开环是指系统在收集数据后不采取任何主动措施的状态(例如,向医务人员报告的医疗应用程序)。相比之下,闭环是指依据共同目标进行处理的系统(例如,通过监视运动对象的体温,健身房中的运动机调节房间温度)。混合系统将控制和监视功能结合在一个单元中。

HITL的最初研究起源于控制理论,其中,大量研究涉及复杂系统中的人为因素(可参见文献[23]中的例子)。通常,将人类建模为系统组件这一行为会引入需要系统适应的噪声(例如,驾驶辅助系统),或者可以将人类建模为需要在特定条件下控制系统的组件。人机交互主要研究人们远程或近距离接触机器人的场景。机器人间的交互具有一些数字系统所不存在的挑战,例如,机器人间以及机器人与人之间的自主权、信息交换和团队合作等问题。HITL也是残疾人辅助技术的一种常见模式,主要解决如何从人类参与者收到的传感器测量数据中得知有效意图。在机器学习社区中,将人类整合到学习过程中的交互式机器学习技术引起了广泛关注,基于主动学习、偏好学习和强化学习等理论和人机交互(Human-computer interaction,HCI)实践,该技术可以加快盈收周期,并降低机器学习专家的参与程度。这是上述机器学习场景的扩展,其中,与分类器最终用户无关的未定义群体通常用于生成黄金标准,而无须任何进一步的交互或"循环"。

8.2节中讨论的四个维度也适用于这种情况。在HITL中,为同一任务从多方寻求输入的情况很少见(微任务和宏任务众包中使用的一种技术)。许多控制或监视方案设计是针对特定用户组的,具有自己的动机。

用户通常对产生正确输出或需要控制的系统具有内在兴趣。微任务众包已用作交互式机器学习中人工输入的来源。在这种情况下,参与者会获得经济上的奖励,就像完成调查或整理数据库之类的任务一样。HITL 面临的挑战是如何有效地表示和集成人与机器组件的输入和输出,以确保整个系统的平稳运行。

　　与文献[22]中分类法的混合物联网应用程序类别一致,图 8-2 是 HITL 应用程序工作流程的高级视图。从数据和传感器输入开始,可能还有系统自动收集用户输入的部分,因此,首先是一个产生输出的机器处理阶段。该输出需要用户的验证,并且用户需要向机器提供有效输出的工具。对于交互式机器学习,输出可以是分类器结果的简单验证。当使用众包模式时,将从多个众包工作者那里收集输出,然后使用自动推理技术进行汇总,以计算出最可能的正确答案。

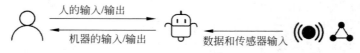

图 8-2　人机回路(HITL)应用程序工作流程

8.4　空间众包

　　有时,众包任务需要在特定地理位置执行,即空间众包。具体来讲,就是为群体配备智能设备,或者在应用中使用自己的手机,实现非中心化的分布式收集或管理地理空间数据。典型的任务包括特定位置访问及测量,例如,拍照或在某个区域探索潜在测量项目或事件。

　　在宏观和微观层面,taskRabbit[①]、GigWalk[②]、gmission、i-Log 等平台可以为空间众包项目提供定制化支持。

　　图 8-3 显示了空间众包的工作流程。从地理空间任务开始,首先需要为群体确定完成任务的适当平台。对于许多类型任务,现有的能够支持互联网连接、摄像头和录音功能的电话就足够了。但是,对于其他情况,可能需要特殊的设备,因此必须考虑如何将设备和经费分配给群体成员。该平台会影响任务的用户体验。对于特定任务设备(例如,辐射计数器),可以考虑提供附带的移动应用程序或网站,便于更轻松地与贡献者进行交互。

　　图 8-3 中的工作流程与 8.2 节中介绍的工作流具有许多相似之处。但空间众包的任务分配具有特定的挑战。首先,需要按照地理位置限制群体规模。其次,贡献者位置与任务执行位置间的相对关系会影响贡献者的参与动机。为了应对这些挑战,最近的一些研究工作旨在采用著名的多智能体和优化算法来处理群体位置及其性能的不确定性。文献[31]假设贡献者将其位置发送到服务器,然后以最大化地分配任务总数和使所需的工作量最小化为目标,就近进行任务分配。但是,与

---

① https://www.taskrabbit.com。
② www.gigwalk.com。

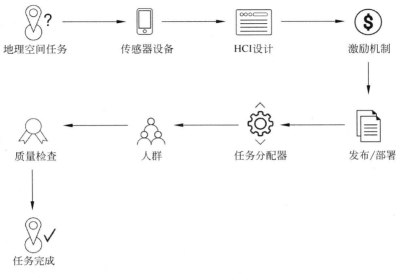

图 8-3 空间众包工作流程

闲时静止的可编程机器人不同,人类在等待新任务时会四处走动。针对上述问题,文献[32]利用历史位置轨迹来预测任务的未来时空分布,然后以全局优化分配的方式来指导这些贡献者。文献[33]考虑了群体中每个成员的表现及其任务接受率,通过将背景轨迹添加到任务设备来训练,可以在分配任务之前,通过添加任务设备所需的上下文轨迹来训练机器学习模型的接受率和性能。

　　贡献者需要不断向任务分配系统报告地理位置,因此,空间众包涉及数据隐私问题,例如,在欧盟受《通用数据保护条例》(General Data Protection Regulation,GDPR)约束。近期研究中,差分隐私和地理广播的组合可以允许受信蜂窝数据提供商生成贡献者位置的隐私空间分解(Private Spatial Decomposition,PSD),并将其传递给分配单元,详见文献[34]。根据 PSD 中报告的位置,通过地理广播将任务分配到所需群体资源可能性最高的区域。此外,需要平衡地理广播区域的大小与贡献者数量不足,或距离任务位置太远的矛盾。另一种方法是根据全局流行度和用户偏好(详见文献[35])来混淆轨迹和地理位置,利用与敏感问题统计中的随机响应方法,贡献者选择系统提出的许多错误位置来保护隐私。与文献[34]相比,这更适合于区域较小(例如,大学校园)的众包场景。

8.5　参与式感知

　　参与式或公民感知描述了部署移动网络和其他感知设备进行收集、共享和分析数据的模式。它是一种专注于特定类型活动和技术的众包形式,并且更加强调群体的作用以及参与性框架、工具和最佳实践。

参与式感知的具体定义和表现是多种多样的。参与式感知的本意是通过传感器和人类观察来收集众包数据。与空间众包类似,但不同的是,参与者将专注于其本地区域(如居住、工作和经常访问的地方)数据的收集。然而,该领域随后衍生出一系列正式和非正式的过程描述,所涉及的主动性从个体参与者的显性活动到隐性活动各不相同。数据可以从 Web 2.0 服务中收集,而无须正式的数据收集过程,例如,在社交网络中,个人可能在不知情或无意中发布了有价值的见解。感知过程也不一定涉及传统技术意义上的传感器,因为参与者可以很少或根本不借助技术手段亲自观察。

参与式感知在科学研究中引入了志愿者,并遵循与社会工程学相似的原理和方法。实际上,Haklay 将参与式感知描述为一种**公民科学**形式,其中参与者的活动是被动的并且可能是隐性的。与某些具有更复杂形式的公民科学相比,参与者需要更多的代理机构来影响数据的收集和使用方式,因此志愿者的参与程度较低,与这些活动相关的激励措施也存在差异。公民科学通常依赖于参与者的内在动机,广泛地依靠志愿者而不是有偿参与者,例如,对科学的兴趣和对科学家的无私帮助。公民科学中的货币奖励已被证明不具有激励作用,甚至会鼓励消极行为,并形成志愿者为获得充分奖励而造成的紧张局面。尽管一些公民科学项目使用了游戏化模式,但它并未得到广泛使用。参与式感知模型和平台并没有共同的约束——群体有时会出于经济需求(动机)进行相关活动,而先前的研究表明,这种激励机制对于长期保持参与度至关重要。

作为一种可行的大规模数据收集方式,参与式感知已广泛应用于各种场景。在环境监测场景下,传感器设备和参与者可以有效地识别污染物的存在、监测公司的潜在污染活动、记录并保护物种。参与式感知特别适合任务分配者希望了解或模拟给定位置或环境中的个人体验,或从中获得反馈。除了具有成本效益之外,以人为本的方法还缔造了及时可靠地提交数据的社会契约。

参与式感知功能类似于图 8-3 中展示的空间众包工作流程。分配器分配任务并发布给群体,群体随后收集必要的数据,并将其发送到任务分配器。在质量检查过程中,基于提交质量,分配者可以按照激励和奖励的形式进行反馈。但是,该过程可能没有正式的群体,也没有被吸引的工作者。如果将社交媒体作为数据源,那么分配者必须参与、发掘和汇总数据,而不是设计、启动和管理众包任务,并且还必须考虑原始数据的预期用途和性质。在通过社交网络或其他 Web 2.0 渠道识别数据的地方,任务分配者将无法影响(甚至可能无法识别)用于收集数据的传感器设备,这可能会影响其使用数据的信心。

关于物联网,已经采用参与式感知模型来实现智慧城市治理,在居民和访客中分布式执行数据收集和技术流程,可以减轻个人和设备的负担。从理论上讲,在智慧城市中,任何设备都可以当作数据源,个人的数据收集过程不需要主动参与。取而代之的是,参与者可以完全控制传感器和发布到网络中的数据,以与公民科学背景下建议的类似方式自愿参与。参与式感知的一个特殊优势是可以从更多的"机会主义"来源收集数据,并可以扩展现有智能信息系统(已部署到交通、公用事业和智能城市的其他领域)的范围。

但是,参与式感知仍有待完善。由于依赖于人类的自愿参与,因此,无法保证数据覆盖范围和准确性。即使是隐性或随机性的参与,也必须仔细考虑传感器设备的规格,例如,便携式传感器(如移动和可穿戴设备)的电池寿命,避免志愿者无法收集数据的情况。估计达到临界数量的行动持续时间极具挑战性——激励措施对于鼓励及时交付并扩大覆盖范围至关重要。此外,最近的研究集中在以参与性为动力的智慧城市方法对道德和隐私的影响,需要在保护公共利益与隐私和安全的前提下平衡实时反馈和开放共享数据的需求。更广泛地讲,在参与式感知数据中建立信任和声誉模型仍然是研究领域的关键方向,如果要应用参与式感知数据,必须在智慧城市或科学研究等领域解决这一问题。

8.6　总结

目前,最先进的物联网解决方案不仅仅局限于技术领域,同时,人力和社会资本正在以有趣、有效和符合道德的方式来增强、扩展和监督技术体系。参与式感知是数字传感器网络的补充。公民科学和付费的微任务平台有助于训练机器学习模型。HITL架构有助于设计和运行复杂系统,该系统能够融合人类与物联网技术,例如,智慧城市控制中心或交互式机器学习。

为了利用人类和集体的知识和创造力,组织机构应考虑以下基本问题:要求人们做什么,从事该任务最合适的可用受众是哪些,为什么他们有兴趣参加,以及如何保证结果的质量并汇总以备将来使用。这些问题的答案对于组织机构有效地进行众包应用至关重要。这需要技术和非技术领域的大量专业知识,并存在一系列特殊挑战,例如:最大限度地发挥手动工作价值的工具和经验,选择招募参与者及相应的沟通渠道,激励参与者行为的模型,以及在现有环境中使用结果的方式。此外,除了收集和共享公民数据时的隐私和数据保护外,众包还引发了有关所有权和公平报酬的重要伦理问题。

在众包范式中,本章介绍了两个特别有用的物联网研究领域。首先,在空间众包的特例中,贡献者需要前往特定位置执行任务。与非空间众包相比,其主要挑战是考虑有效的任务分配,因为在激励模型中需要考虑贡献者移动的工作量,并且靠近特定区域的可用人力资源集合可能较小。其次,广泛应用于智慧城市项目的参与式感知可以利用现有的公民平台来招募参与者,并对更多的随机数据进行采集。

在这两种情况下,了解潜在参与者的动机和意图极为关键。尽管各种模型对驱动"人群"参与活动的原因做出了假设,但是这些假设需要补充经验研究和使输出结果最大化的混合众包形式。例如,文献[53,54]之类的方法显示了如何将不同众包平台、激励机制和参与模型简化为一个连贯的工作流程，以提供更复杂的数据收集或分析目标，并降低众包成本。

借助适当的工具、精心的协调以及公平的激励模型，可以将人类集体智慧的力量无缝地集成到自动化流程中，从而实现"技术和人力资本"的两全其美。

参考文献

第9章 物联网安全：经验是重要的老师

Paul Kearney[1,2]

1 School of Computing and Digital Technology, Birmingham City University, Birmingham, UK
2 EBTIC, Khalifa University, Abu Dhabi, United Arab Emirates

9.1 引言

　　分析人士一致认为,物联网市场极为重要,并且将在可预见的未来逐年增长。Bain & Company 曾预测,到 2021 年,物联网硬件、软件、系统集成以及数据和电信服务的组合市场增长到 5200 亿美元,是 2017 年所支出(2350 亿美元)的两倍多。尽管人们认为供应商在降低采购障碍方面进展甚微,其中最重要的一项就是对有效安全性的需求。根据 Bain 报告中对企业客户的一项调查,安全是最大的采购障碍,超过 40% 的受访者将其视为前三大障碍,而 IT/OT 集成排在第二位,不到 30%。

　　那些经常关注技术媒体(甚至是知名的媒体)的读者对此不会感到惊讶,因为据报道,物联网产品和应用程序的漏洞及违规行为令人触目惊心。引用率最高的案例是 2016 年 Mirai 僵尸网络对域名服务(Domain Name Service,DNS)提供商 Dyn 的攻击。僵尸网络是被恶意实体控制,或感染了恶意软件的无辜设备或软件进程的集合。僵尸网络的常见用途是发动分布式拒绝服务(Distributed Denial of Service,DDoS)攻击,即许多设备将数据包同时发送到同一站点,使站点不堪重负,直至崩溃。Mirai 与之前的案例有两点不同:其规模巨大(据估计,多达 10 万个僵尸站点用于生成对 Dyn 的攻击,攻击流量峰值达到 1.2Tb/s)和受感染的终端是 IoT 设备。尽管该攻击被 Dyn 的工程和运营团队成功缓解,但是在相关客户和最终用户感受到重大影响之前,并没有得到有效的安全防护。

　　Mirai 恶意软件并不复杂:在 Internet 上搜索易受攻击的潜在 IoT 设备,然后尝试使用 60 个左右用户名及密码对进行设备登录,其中,许多设备使用出厂默认密码。这样,恶意软件就可以直接安装在新主机设备上。这种简单策略的成功反映了物联网安全的脆弱性。很多 IoT 设备直接连接到 Internet,并在交付时仍然使用统一的默认密码,而且许多设备所有者从不更改其密码。当然,一些供应商和所有者具有良好的安全习惯,但由于设备数量众多,部分未受保护的设备就足以形成相当庞大的僵尸网络。僵尸网络与其他恶意软件的不同之处在于,主机设备不是攻击的实际目标,被感染的设备通常只会出现轻微的性能下降,甚至可能不会被其所有者注意到。这意味着能够通过采取简单措施来提高个人设备安全性的所有者几乎没有动力去增强防护,而受害者则必须利用复杂昂贵的反 DDoS 服务才能自保。文献[3]对这种动机的错位进行了讨论。

一方面,Dyn 的攻击案例说明这些易于避免的低级漏洞可能对第三方产生重大影响。其他设备使用者遭受潜在攻击的案例还包括:劫持或窃听儿童玩具和婴儿监视器以恐吓儿童,使医疗设备实施危险药物剂量或对患者进行电击,非法打开门锁等(见文献[4]中的实例)。另一方面,即使具有较强安全意识行业的昂贵设备也被证明是脆弱的。例如,有许多渗透测试人员可以使用联网汽车的各种功能。

本章探讨了导致当前 IoT 安全状况不佳的原因,回顾了为解决这种情况而正在采取的一些措施,并探讨了开发人员、供应商和最终用户可用的指导性规范和其他实际措施,以期全面建立良好的安全基础设施。最后,介绍了本章作者积极参与的 IoT 安全基金会工作情况。

9.2　为什么物联网安全与 IT 安全不同

有许多因素有助于解答标题所述的问题,本节尝试涵盖其中最重要的因素。

人们常说物联网是信息技术与运营技术融合的结果,其符号表示为"IoT=IT+OT"。从运维技术(Operation Technology,OT)的角度来看,之前傻瓜式且离线的各种类型设备现在变得"智能"(即获得了一些信息处理能力)并相互连接。这也适用于传统意义上未被定义为设备的产品(例如,玩具)。从信息技术(Information Technology,IT)的角度来看,功能相对强大和复杂的计算机正在被嵌入或部署于陌生环境,而 IT 系统不再只是在操纵符号,而是在操纵真实的对象。

这意味着许多设备制造商和集成商首次面临着提供网络安全服务的需求。经过几十年的痛苦经历,信息通信技术(Information Communication Technology,ICT)行业已经形成了大量标准流程、实践案例和标准规范。从其他行业进入物联网市场的公司并没有这种亲身经历的宝贵经验,那些没有从 ICT 过去错误中学到经验的公司注定要重蹈覆辙。或许,其最根源的问题在于认为安全与产品无关。其他错误思想包括依靠"默默无闻的安全性"(没人知道我的设备可以被攻击)或物理安全性/隔离性(只有进入本地/网络才能攻击该设备)。

ICT 行业并不能解决所有问题,其技术更不能简单地应用于 IoT。物联网设备在硬件、软件和通信协议方面千差万别，而 IT 则通常面向少量的标准操作系统（Operating Systems，OS）、硬件体系结构和协议集。有些设备可能具有 IT 操作系统的简化版本（通常是 Linux），有些设备具有专用嵌入式操作系统，而其他设备则完全没有操作系统。此外，物联网设备通常受限于计算能力、内存、外部存储、通信带宽、电力可用性等方面，导致难以直接应用现有的 IT 安全技术（例如，公钥密码技术的软件实现），并出现了新的攻击途径（例如，通过耗尽电池来实现拒绝服务）。

IT 安全通常侧重于保护数据的机密性和完整性。实际上，在某些领域，信息保证（Information Assurance，IA）比 IT 安全更常用。另外，过程可用性和完整性是 OT 领域的关注重点（即操作过程不被中断且必须正确执行）。信息保证固然重要，但过程可用性和完整性也同样重要，因此，物联网继承了二者的基因。物联网的重要特征之一是利用不同设备生成大量数据，然后在"云端"进行存储和处理，并通过数据分析来提供有关效率、销售机会等方面信息。当数据具有商业价值时，保护机密性显然很重要，而当可以从中获取有关个人信息时，隐私保护（参见第 11章）就变得极其重要，因为可以从数据中获取有关个人信息。但是，该技术并不只适用于物联网[1]，也适用于传输或存储中的数据完整性保护。物联网场景的显著差异在于，生成数据的传感器允许物理访问或使用物理安全措施，由于暴露在外部环境中，可能会遭到数据窃听或传输破坏、恶意控制（例如，使用恶意软件、更改已安装的软件/固件，或所谓的转导攻击）或"欺骗"（即诱使系统接受攻击者控制下的假冒设备，以替代或补充合法设备）。因此，确保对真实数据来源的信任是重要的IoT 安全问题（详见第 10 章）。

相对于 IT 而言，使用可以改变或影响"现实世界"的互联设备（执行器）是一项重大变革，尽管这对于许多类型的 OT 而言是必不可少的。在 IT 系统中增加具有执行能力的设备，就有可能造成物理破坏，甚至危及人们的生命或福祉。虽然 IT 专业人员习惯于解决安全问题，但是安全对他们而言通常是新领域，而安全对 OT 专业人员而言更是如此。可以说，安全性有很多共同点，但是解决这些问题的标准和程序是由不同社区独立开发的，需要在物联网背景下进行协调统一。同时，安全目标也有可能不尽相同。以智能门锁为例，一方面，如果它发生故障，出于对住宅安全的考虑，门锁应保持锁定状态，但发生灾难或特殊情况时无法开锁可能导致危险；另一方面，安全选项也可设置为"无法关闭"[2]，以允许人们自由进出建筑物或者灾难逃生，这明显也损害了安全性。

总体而言，物联网中 IT 和 OT 的综合将有助于耦合物理世界和网络世界，并且每一方都可以影响另一方的行为。在一些物联网应用案例中，例如，道路交通管理和智能电网，是具有非线性反馈的高度复杂的网络-社会-物理系统。即使没有

---

[1] Though note the earlier comments about constrained devices and cryptography.

[2] 译者注：从语义角度讲，原文"……the safe option could be to fail open,……"有误，"open"应该为"closed"。

外部干预,也很可能出现不良的和无法预料的紧急情况。尤其是,恶意威胁代理也许能够以相对较小的成本发起此类行为,从而造成较大的破坏后果。从长远来看,这种耦合系统的复杂性也许是物联网面临的主要安全挑战。

9.3 如何应对物联网的安全挑战

应对物联网安全挑战的需求已得到各界的广泛认可,并且不同利益相关者已为此采取了许多措施。本节主要回顾三种利益相关者的部分举措:政府渴望获得物联网带来的潜在经济利益;标准组织机构希望将标准范围扩大到物联网领域;以开发人员、服务提供商和用户组织为代表的团体认识到了在合作中的集体利益。

9.3.1 政府

各国政府意识到 IoT 应用可能带来的经济和社会效益,并意识到缺乏统一的安全措施可能会影响 IoT 应用的价值。同样地,建立或发展强大且具有竞争力的(泛)全国性物联网行业,并将中小型企业的创新视为发展动力的引擎是政府层面的重要措施。但是,影响恶劣的安全事件一旦发生,将会扼杀此类企业的发展,因此,可靠的安全性和可信赖的声誉将是企业重要的竞争优势。

在英国,数字文化媒体和体育部(Department for Digital,Culture,Media,and Sport,DCMS)主管创新发展工作,其目标为"使英国成为世界上开展线上生活和业务最安全的地方,以及发展数字业务最好的地方。"为实现上述目标,该部门发布了《设计安全报告(Security by Design)》,将责任从消费者转移到制造商/供应商,以提高家庭联网设备的安全性。随后还发布了旨在鼓励制造商和服务提供商采用良好安全实践的《消费者物联网安全实践准则》,以及消费者指导性文件,建议房主在安装和使用联网设备时应更加注意安全性。尽管上述工作集中在消费类设备上,但其目的是将相关原则渗透到其他市场,并且推动其他行业的安全发展。

在美国,联邦政府主要通过购买力来影响物联网产品的安全性。其当务之急是确保政府部门所购买设备达到相对较高的安全标准,并期望这种模式可以影响其他部门所提供的设备的质量。颇具影响力的美国国家标准技术研究院(National Institute of Standards and Technology,NIST)于 2018 年 2 月发布了有关物联网网络安全标准的部门间报告草案,并指出,如果没有标准化的网络安全要求,恶意参与者可能会利用安全漏洞,而物联网系统可能会受到网络攻击。因此,建议代理机构与行业合作,在标准制定组织(Standards Developing Organizations,SDO)中启动新的标准项目来弥补这种漏洞,并在采购中根据代理机构任务引用适当的标准。NIST 提倡自愿的安全标准,尤其在目前 IoT 行业仍不成熟的情况下。然而,规范政府安全地使用物联网系统的各种立法工作已提上日程。这些工作能否成为法律还有待观察。在最新进展中,加利福尼亚州制定了一项法律,要求从 2020 年 1 月 1

日起,所有联网设备制造商必须"为设备提供合理或适合设备自身性质和功能的安全性能,例如,适用于信息收集、存储或传输等场景,并可以保护设备及其包含的任何信息,防止受到未授权访问、破坏、使用、修改或泄露。"

在欧盟,《网络安全法案(Cyber Security Act)》对解决物联网安全至关重要。该法案有两个主要作用:(1)赋予了欧盟网络和信息安全局(European Union Agency for Network and Information Security,ENISA)永久的任务、强化的职责和丰富的运营资源;(2)旨在为联网设备创建统一的认证方案,从而增强消费者的信任和建立统一的欧盟数字市场。ENISA 将在整个欧盟范围内监督该计划的统一实施。其安全保证分为三个级别:基本、持续和高级。其中,认证是自愿的(除非欧盟或国家法律另有规定),并且在基本级别上允许自我认证。尽管一些评论家大体上支持该计划,但同时也批评了该计划的自愿性(案例详见文献[11])。

9.3.2 标准组织

众所周知的标准开发组织(Standards developments organizations,SDO)(例如,IEEE、ISO、IETF、ETSI、OneM2M、3GPP、Global Platform、可信计算组等)都认识到形成 IoT 安全相关标准的必要性,但总体而言,物联网安全标准研究方面尚不活跃,某些单一技术层面活动较为积极。例如,IETF 和 IEEE 正在制定轻量级加密协议标准,尤其是,OneM2M(ICT SDO 全球联盟用于解决机器对机器通信的协议)正在定义该场景下的安全等服务。

在物联网安全需求与可用标准评估方面已进行了一些研究。例如,NIST 文件提到了相关研究的早期报告,覆盖了车联网、消费物联网、健康物联网和医疗设备、智能建筑和智能制造等物联网典型应用,确定了 11 个网络安全领域:加密技术、网络事件管理、硬件保证、认证与访问管理、信息安全管理系统、IT 系统安全评估、网络安全、安全自动化与持续监控、软件保证、供应链风险管理以及系统安全工程。在评估网络安全领域与物联网应用相关标准的可用性和不足中,相关结果以矩阵形式呈现,其坐标轴是 11 个网络安全领域和应用场景。每个单元格是可用性和适用标准使用情况的评估结果。只有加密技术、认证与访问管理具有完整的可用标准集,但是并非所有应用场景都如此,大部分工作进展缓慢。IT 系统安全评估和网络安全领域的标准开发应用都处于早期阶段。

物联网创新联盟(Alliance for Internet of Things Innovation,AIOTI)第 3 工作组与 ETSI 专家工作组(Specialist Task Force,STF)505 已经在研究通用的 IoT 标准体系,以确定高优先级的安全标准方向。尽管这项工作仍在进行,但是已明确安全性/隐私性是关键领域,并指出目前主要是利用特定于应用程序的零散方式解决安全性和隐私性问题。

文献[13]概述了 PETRAS 物联网研究中心的标准、治理和政策(Standards,Governance,and Policy,SGP)小组关于物联网安全自愿性标准和强制性监管框架间相互作用的研究工作,并指出如下关键挑战:(1)物联网应用领域多样性所带来的困难;(2)许多利益相关者间相互作用所引起的物联网安全体系的复杂性和动态性,以及阻碍市场驱动创新和标准化的对立力量。

标准组织的工作不仅局限于标准。BSI 在英国政府安全设计方案的基础上,针对物联网设备启动了合规计划、治理框架和 Kitemark 标识(BSI 拥有并运营的质量标志)。Kitemark 旨在提供质量和安全性的可识别可见标识。根据预期的使用场景,Kitemark 分为住宅、商业和增强型(针对高价值或高风险场景)。

9.3.3　行业团体

物联网安全相关的利益相关团体和联盟非常多,所涉及任务及细分工作组也多到难以完全列出。其中,著名的厂商/平台包括工业互联网协会(Industrial Internet Consortium, IIC)和物联网安全基金会(Internet of Things Security Foundation, IoTSF)。

IIC 是涉及行业、政府和学术界的全球性非营利合作组织,旨在识别、集成和推广最佳实践案例,进而加速工业互联网发展所必需组织和技术的发展,2014 年由 AT&T 公司、思科公司、通用电气公司、英特尔公司和 IBM 公司共同建立,目前成员众多。尽管相关工作仅针对工业物联网(Industrial Internet of Things, IIoT),但其大部分成果与通用物联网有关,特别是与大规模物联网系统有关。此外,IIC 发布的重要文档包括工业互联网参考体系结构(Industrial Internet Reference Architecture, IIRA)和工业互联网安全框架(Industrial Internet Security Framework, IISF)。

与 IIC 一样,IoTSF(本章作者曾亲自参与了工作组和文档的撰写)是一个非营利、与供应商无关的国际组织。与 IIC 不同,IoTSF 仅专注于安全性问题。尽管任务相似,但这两个组织是相辅相成的,而非竞争关系,而且其成员间也存在部分重叠。IIC 主要解决大型物联网系统的架构问题,而 IoTSF 至少在最初阶段为较小规模物联网应用的供应商和最终用户提供了一些实用性建议。当前,IoTSF 工作组正在开发认证框架(WG1)、最佳实践指南(WG2)、合规性验证和测试(WG3)、漏洞披露指南(WG4)、IoT 安全体系概述(WG5)、帮助参与者在智能建筑供应链中进行研究的指南,并研究通信安全"信任标志"的效用性和实用性。

可以看出,上述各工作组的成果是相辅相成的,可以形成一个完整闭合的框架。WG2 中最佳实践指南可以提供设计和运行安全物联网系统的实用和非正式建议。WG1 中合规框架的本质是有助于确保涵盖所有重要安全方面的清单,并且其随附的合规调查表提供了一种收集符合最佳做法结构化证据的方法。9.4 节将进一步探讨其中一些结果。

其他团体包括互联网协会倡议发起在线信任联盟(Online Trust Alliance),并建立了物联网信任框架;还有国际消费者组织,其成员是消费者团体,已发布了一系列关于物联网消费者权利、隐私、安全的原则和建议报告。

9.4　已有成果介绍

9.4.1　基本安全因素

如前文所述,物联网设备和系统的安全漏洞多是由于用户完全缺乏对于基本安全因素的了解或关注。与其他领域的"二八定律"相似,IoT 安全也同样适用相关规律——通过专注于正确处理基本事物,只需相对较少的努力就可以获取大量的利益。这也是优先考虑 IoTSF 的一个因素。

IoTSF 最佳实践指南(Best Practice Guidelines,BPGs)旨在将主要安全原则应用于 IoT,并以高可访问形式提供实践建议。当前版本专注于消费产品,但实际上是通用的。BPGs 文档的主要内容以"快速参考"形式呈现,下列每个主题都有一页:

- A. 数据分类;
- B. 物理安全;
- C. 设备安全启动;
- D. 安全操作系统;
- E. 应用安全;
- F. 凭证管理;
- G. 加密;
- H. 网络连接;
- I. 软件更新安全;
- J. 日志;
- K. 软件更新政策。

请注意,有两个有关软件更新的指南:BPG L 解决了策略和治理问题,而 BPG J 就如何安全地提供更新给出了建议。类似地,一些指南要求使用加密,但是 BPG G 侧重于加密服务的配置。

BPGs 的每页包含了多个编号的项目建议,并提供了指向相关主题长篇幅论述性内容的链接,可以作为实践者随身携带的口袋参考卡片。IoTSF 并不认为当前的准则是不可变更的,现有 BPG 会定期审核,并根据需要不时引入其他指南进行完善和改进。在撰写本文时,IoTSF 的 1.2 版正准备整理出版。

在其他可以提升 IoT 安全通用标准可用性的建议来源中,前面提到的英国 DCMS 准则(Code of Practice,CoP)包含 13 个建议要点,每个要点包括表明安全原则的标题、建议段落和说明环境的段落。在某些情况下,该建议段落比标题更具体,例如,第 6 个要点最小化暴露攻击面中建议使用最小特权原则。

在 IoTSF BPG 与 DCMS CoP 的对比中,后者并不涵盖所有主题,只关注相对较少的原则,因此,综合性较差。CoP 原则处于 BPG 及其要点的中间位置。表 9-1

试图建立 CoP 准则中建议段落与 BPG 中编号要点间的对应关系。其中,CoP 第 6 个要点涉及三个 BPG,第 12 个要点无法找到相应的匹配关系。而且,如下的对应关系也存在问题。

- BPG K(日志记录)第 9 个要点确定了监视和分析的需求,但这是日志记录,而非(实时)监视传感器数据来识别潜在异常。
- CoP 第 8 个要点映射到 BPG E,因为后者的第 4 个要点要求遵守国内数据处理法规。实际上,尽管涵盖了分类和适当数据保护,但 BPG 很少或根本没有提及个人数据或隐私。
- CoP 第 11 个要点涉及个人数据删除问题,同时,因为随附的建议将其置于设备所有权转让场景下,故将其映射到 BPG L。

表 9-1　与 IoTSF BPGs 相关的 DCMS 准则

IoTSF 最佳实践指南	DCMS 准则
A. 数据分类 B. 物理安全	(6) 最小化暴露的攻击面
C. 设备安全启动	(7) 确保软件完整性
D. 安全操作系统	(6) 最小化暴露的攻击面
E. 应用安全	(6) 最小化暴露的攻击面 (8) 确保个人数据受到保护 (9) 使系统具有抗故障能力 (13) 验证输入数据
F. 凭证管理	(1) 没有默认密码 (4) 安全地存储凭证和安全敏感数据
G. 加密 H. 网络连接	(5) 通信安全
I. 软件更新安全 J. 日志	(10) 监视系统遥测数据
K. 软件更新政策	(2) 实施漏洞披露政策 (3) 保持软件更新 (11) 方便消费者删除个人数据
无	(12) 简化设备的安装和维护

注:表 9-1 中"DCMS 准则"列的序号与原始 DCMS CoP 表格中的序号一致。

上述分析表明,这两种建议风格分别针对略有不同的受众(或在不同使用情况下的相似受众)。此外,尝试调和 IoTSF BPGs 和 DCMS CoP 会产生改进两者的想法。例如,IoTSF 可能考虑引入 BPGs 重点关注的隐私和个人信息、可用性以及监视和警报。其实,IoTSF 和 DCMS 紧密联系,DCMS 曾使用 IoTSF BPGs 作为原材料,在编写和审查 CoP 的过程中也参阅了 IoTSF。

其他有关基本物联网安全的可访问建议来源包括物联网隐私和安全性的

ACM 指导原则和 OWASP 的物联网安全性指南。

9.4.2　方法和合规框架

原则和指南在培训开发人员和最终用户方面非常有用,但需要通过结构化的程序框架加以补充。人们常说[1],对任何安全问题的答案都是"进行风险评估"。实际上,确保操作员安全风险处于可接受水平应该是任何安全方法背后的关键原则。没有完美的安全,因此至关重要的注意事项是要识别风险源,评估其重要性(通常基于将事件发生的可能性及其后果的重要性结合),并决定是否可以容忍这些风险。如果不是,应采用各种形式的"风险处理"来减少、转移或避免风险。由于任何风险评估都必须基于假设[2],因此在系统的整个使用寿命期间,也应监视风险并验证假设。

国际标准 ISO 27005 是受到广泛认可的通用安全风险管理框架,该标准文件并未规定要遵循的任何评估方法或可以评估安全性的客观标准。目前,一系列风险评估方法与 ISO 27005 保持一致,但有时需要灵活地应用这些方法。尤其对于没有经验和专业知识的用户,结果可能会不一致且不可靠。

没有经验的用户和参与者倾向于被告知如何使系统安全的描述性过程。同样地,有服务购买倾向的客户希望基于客观的安全标准进行决策或招标。这存在两个主要问题。首先,在评估安全性时,环境就是一切。如果不考虑产品或服务的部署环境,产品可能面临的威胁以及利益相关者的价值,就无法评估产品或服务的安全性。其次,存在将合规性而不是安全性视为目标的危险,这将导致用户寻求最简单或最便宜的方法来证明是否有必要考虑相关指标。

IoTSF 正在尝试中间路线,其合规性框架只具有一个参数,即采用有序范围内的离散值表示合规等级,从本质上表征评估系统的安全性。所需采取或建议采取的安全措施取决于用户的合规等级值。一旦确定合规等级,该框架或多或少是符合惯例的,因此所有主观判断都将施加到该决策上。根据实践经验和其他参考资源,第二期合规性框架将进一步完善。目前,一种确定合规等级的简单可复用方法正在形成,该方法考虑了决定安全漏洞影响、威胁环境(确定系统可能遭受攻击的可能性和严重性)以及系统本身技术特征的预期使用环境。尽管可以将合规等级的描述和合规性框架的应用作为风险管理流程的一部分,用于简化风险管理并提升复用性,但不能代替 ISO 27005 中的风险管理。

请注意,合规等级概念与《欧盟网络安全法案》中保证等级概念有所不同。前者重点关注将风险暴露降低到可接受水平所需的安全措施,后者涉及收集和评估合规证据过程的严格性。两者都是有价值且相关的概念,但应保持区别。

---

[1]　Admittedly,mostly by the author(坦诚地,多数是作者的想法)。

[2]　即使基于历史数据的统计分析认为历史可以很好地预测未来,但从安全威胁的快速迭代演进和攻击者的智能自适应角度来讲,这是一个危险的假设。

9.4.3　标签计划和消费者建议

如果要影响消费者的购买行为,首先必须使其意识到安全性的价值,其次要能够区分安全产品与不安全产品,或者必须区分可以满足购买者需求的安全产品。后者需要对销售人员进行培训,以便他们提供合理的建议和丰富且易理解的知识。为此,一些组织正在研究标签方案和信任标记。

信任标记(例如,前文提到的 BSI Kitemark)通常是可识别的二进制指示符(即用标记表示符合性),同时可以与颜色编码和/或字母、数字等结合使用,其他标签形式可能更为复杂,例如,一系列量表或文本形式承载的信息。但至关重要的是,标签必须易于识别、可理解、可提供信息,即可以帮助购买者做出明智的购买决定。目前,IoTSF 具有"最佳实践用户"标记,任何组织均可将其材料应用于支持和使用IoTSF 原则和指南。此外,将来可能会引入其他标记,例如,不同的保证等级和可能需要正式认证的标记。

Mozilla 与国际消费者协会和互联网协会合作,已将最佳做法精简为制造联网设备的公司应合理遵守的五项最低要求准则——加密通信、安全更新、强密码、漏洞管理和隐私惯例。上述准则非常简单,可以用来培训销售人员和消费者,并且可以作为标记的基础(例如,可见清单或包装上的评分)。此外,Mozilla 建立了一个可以根据相关标准评估消费者 IoT 产品的网页,消费者可以发表评论,表达设备购买意向,以及按"厌恶"等级评分。

9.5　总　结

人们普遍认为,物联网设备和系统的安全问题正在阻碍联网设备的大规模部署,也影响各种"智能-X"应用(其中,X = 城市、建筑、家庭、车辆、电网等)的社会和经济价值。上述问题原因主要有两个:(1)出于成本优先、快速市场扩张等考虑,新开发部署的设备或现有联网设备并未考虑安全性因素;(2)物联网设备和应用的特性使得现有 IT 系统安全保护方法面临应用困难。从 IoT = IT + OT 可以看出,IoT 在某种意义上是信息和运营技术的融合。IT 安全强调信息的保护而不是流程的保护,而运维技术则依靠隔离来保证安全。这种融合凸显了安防界不同文化和标准的差异。

尽管许多项目计划和组织机构正致力于解决这些挑战,然而,实际上,大量计划范围的重叠可能加剧了上述问题。本章介绍了政府、标准组织和行业团体的相关工作。通常,政府希望经济体可以从物联网中获得潜在利益,但是过度监管可能会阻碍创新,过早或草率的法律实施和过时的技术方法也存在一定风险。标准组织需要扩展物联网领域的工作,但工作速度缓慢,并且通常以达成共识而非引领发展为主要任务。开发人员、服务提供商和用户团体认识到合作所带来的集体利益,并形成了大量相关联盟，但需要在互惠互利的合作与差异化竞争间取得平衡。

许多计划已经认识到，专注于基本安全标准的应用可以在最短时间内以最少努力获得最大的收益，并且可以通过结合终端用户、开发人员和供应商之间的安全意识、清晰易懂的指南，以及激励措施来实现，例如质量标志和立法。尤其是消费者和小型企业购买和使用的单个设备和小型系统已成为关注重点，部分原因是这些用户最为脆弱，但这也是出于实际原因——业界并不真正了解如何更好地在大型系统和关键应用中进行实践。

大规模复杂智能-X 应用问题需要进一步研究。其中，定义参考体系架构是重要的研究工作，其作用是描述真实体系架构的特点，提供灵感和指导示例，提供创建真实体系架构的实例化、具体化、优化的模板。

参考体系架构可以通过以下方式帮助管理复杂性：

- 把总体分解为可以单独管理的子问题；
- 体现最佳实践并巩固学习经验；
- 加快培训速度并使培训标准化；
- 加快设计和实施；
- 促进互操作性和模块化；
- 提供框架以制定研发议程；
- 促进利益相关者间对话。

在定义参考体系架构方面已经进行了许多尝试，有些是协作的，而有些是特定于供应商的。其中，IIC 工业物联网参考架构和安全框架提供了一个很好的整体框架，并可作为融合的起点。但其显著缺点是，安全性被认为是普遍存在的。将安全性视为各领域的交叉问题是有意义的，特别是在设计安全、运维管理、监控和实施安全策略时，需要将安全性作为整体体系架构的部分视图进行明确考虑。本章作者目前正在 EBTIC[①] 研究该方向。

参考文献

---

① Emirates ICT Innovation Center，https://www.ebtic.org。

第 10 章

物联网数据隐私

Norihiro Okui[1],Vanessa Bracamonte[1],Shinsaku Kiyomoto[1],and Alistair Duke[2]

1 KDDI Research,Inc.,Saitama,Japan
2 British Telecommunications plc.,Ipswich,Suffolk,UK

10.1 引言

由于用户可以随身携带可穿戴设备,也可以将智能音箱放在家中或公司里,同时,智慧城市可以利用各种传感器生成海量的数据。然而,物联网系统对保护和处理个人数据提出了更加复杂的挑战,所有物联网设备都会生成和传输各种各样的数据,而且这些数据可能会在多个场景中涉及用户个人信息。

个人数据定义为"与已识别或可识别自然人有关的任何信息"——尽管这些数据由物联网系统生成、分析和共享,但用户对其控制通常较少。尤其当这些数据可以直接显示用户位置等信息,并且在某些情况下还可以用于推断其他信息时。例如,身体感受器可以揭示用户在特定时间是否受到压力,智能电表可以用于揭示用户的生活行为模式。

在某些情况下,物联网设备会生成敏感数据,如 eHealth 设备。敏感数据是一类特殊的个人数据,包括揭示种族或族裔血统、性取向、宗教或哲学信仰、会员身份、政治见解、健康以及基因和生物特征数据。此外,可以使用通用物联网设备生成的数据来推断敏感数据。例如,生成位置信息的物联网设备可以揭示用户是否访问了医院等隐私敏感场所,智能手表数据也可以用于监测心理健康或识别帕金森综合征等。

上述案例体现了个人数据隐私保护的重要性。数据隐私意味着当用户数据由第三方掌握时,赋予用户对其数据使用的有意义控制。同时,用户应该可以决定个人数据在哪些情况、出于何种目的、谁可以访问等。此外,数据隐私也涉及法律问题,例如,欧盟的《通用数据保护条例》等法规涉及了旨在使个人对其数据有更多控制权,并建立同意要求的相关规则。

为了赋予用户数据控制权,设计考虑数据隐私性的 IoT 数据平台非常重要。本章将介绍与 IoT 数据隐私相关的基本概念,分析目前的 IoT 数据隐私保护方法,并通过案例来描述隐私偏好管理器(Privacy Preference Manager,PPM)。PPM 是通过注册用户的授权和偏好来提供数据隐私的 IoT 数据平台组件,可以根据用户偏好提供数据流规则、修改或更新授权和隐私偏好,以及记录所有交易。本章还介绍了隐私保护数据处理平台与 PPM 组件的交互方式,并提供了在物联网技术标准 oneM2M 中实现 PPM 的实例。

10.2 物联网数据隐私的基本概念

10.2.1 何为个人数据

尽管不同场景下个人数据或个人身份信息(Personally Identifiable Information,PII)的定义有所不同,但广义地讲,PII 是可以识别有生命特征的个体的信息。例如,个人姓名或电子邮件地址,但也可以单独或与其他数据结合推断出个人身份。再比如,某人的邮政编码加上其出生日期则可能推断出个人身份。同样地,如果数据接收者拥有或可能拥有其他可以识别个人身份的数据,则 IP 地址也可视为个人数据。例如,Internet 服务提供商可以确定用户在给定时间段内分配的 IP 地址。通常,用户 ID 或用户号码等标识符可被视为个人数据,因为服务提供商等数据接收者可以保留 ID 与个人 IP 关联的分配记录。

随着获取数据和处理数据手段的增多,数据保护立法也不断加强,其目的是保护个人身份免遭盗窃、欺诈(因为个人数据经常被用来获取网络访问或电话服务)、歧视、过度营销、跟踪或监听,以及其他由于信息不正确或更新不及时而引起的问题。《欧洲人权公约(European Convention on Human Rights)》明确规定了数据隐私权,即尊重"私人和家庭生活、(他的)家庭和(他的)地址"的权利。

立法也规范了相关组织机构在"处理"个人数据方面的法规。在这种情况下,法律规范几乎涵盖了组织机构对数据进行的所有操作,包括获取、记录或保存,以及组织、修改、检索、公开、合并、阻止和删除等操作。

相关立法通常描述了许多角色,下面给出这些角色的简要定义。

- 数据主体。即个人数据所标识或描述的个人。
- 数据控制者。负责个人数据并确定个人数据处理原因和方式的组织机构(或有时为个人)。多个数据控制者可以协同管理数据处理过程,例如,共同访问个人数据资源。
- 数据处理者。是代表控制者执行数据处理的组织机构或个人,但不能决定数据处理方式或原因。这种独立角色及附加职责已在立法中得到认可。

除上述角色外,相关立法还关注以下重要主题。

　　PII 匿名化,是确保在持有或披露数据过程中不可识别个人身份的一种方法。通过数据匿名化,数据控制者可以在无须用户/客户同意的前提下进行数据共享。有多种方法可以实现数据匿名化,例如,简单地从数据集中删除任何 PII 或将标识符替换为无法与个人信息关联的标识符。在可以识别用户位置的应用程序中,基于用户目的地的应用程序可以提供相应的旅行推荐。其中,应用程序所处理的数据包含可识别身份的个人位置和目的地信息,因此,可将其视为 PII。如果应用程序提供商(数据控制者)希望将此数据集提供给第三方,则可以通过删除与特定用户相关联的位置和目的地数据来实现数据匿名化。例如,上述数据集可以应用于预测一天中特定时间用户的旅行服务需求情况。此外,利用生成的标识符替换原始数据集中的用户标识符可用于确定用户每天使用该服务的频率。

　　必须注意的是,禁止通过组合匿名数据与其他数据的方式来识别特定个人信息。在前面的示例中,匿名用户的目的地数据可能涉及住所和工作地点坐标等信息,将这些信息与公共领域中其他数据结合即可识别出个人信息。多项研究已经发现,相对较少数据的组合即可识别出匿名数据中的个人信息。此外,增强匿名性并避免或减少重识别问题的技术也正在研究中。

10.2.2　数据隐私的一般要求

　　当除个人以外的其他方拥有个人数据时,"个人必须能够对数据及其使用具有相当程度的控制权"。这是数据隐私定义的一部分,即"通常不应将个人数据提供给其他个人和组织机构"。但是,组织机构通常会要求用户提供个人数据才能提供某些服务。

　　作为 ISO/IEC 27001 和 ISO/IEC 27002 中隐私意识的扩展,ISO/IEC 27552 中已经给出了数据隐私的一般要求,并建议建立并不断改进隐私信息安全管理系统。

　　ISO/IEC 27552 包含的数据隐私一般性要求列举如下。
- 组织机构应使用隐私风险评估过程来识别 IT 系统的隐私风险。
- 在设计处理 PII 的 ICT 系统时,应考虑设计隐私[①](Privacy by design)和默认隐私[②](Privacy by default)。
- ICT 系统要求应基于隐私影响评估[③](Privacy Impact Assessment,PIA)定义,在项目计划中定义检查点。
- 最小化 PII 处理应是系统设计的默认条件。
- 在收集和处理 PII 过程中,相关控制措施的实施应仅限于所确定的运营目

---

　　①　设计隐私要求数据控制者在系统、服务、产品等设计阶段考虑数据隐私问题,并将隐私保护贯穿数据全生命周期。

　　②　默认隐私要求数据控制者只能针对特定目的而进行数据处理。

　　③　隐私影响评估是数据控制者在执行数据处理之前进行的影响评估过程。

的,并且组织机构应确保用户了解 PII 处理的目的。

- 应确保将收集和处理的 PII 信息提供给用户。
- ICT 系统应具有针对 PII 收集和处理的用户同意修改和撤回机制。

此外,ISO/IEC 27552 也提出了一些特殊要求,例如,已停用或过期的用户 ID 不应在系统中重复使用,以免破坏对 PII 的访问控制。

数据隐私相关法规(例如,GDPR)要求组织机构必须使用可以保证个人能够控制自己数据的流程和系统。欧盟的独立数据保护机构指出,"个人信息管理系统(Personal Information Management System,PIMS)可以帮助个人更好地控制个人数据,允许个人在安全的本地或在线存储系统中管理个人数据,并可选择数据共享的时间和对象。如果在线服务提供商和广告商需要处理个人数据,则必须与 PIMS 进行交互。因此,这是一种以人为本的个人信息处理方法和新业务模型"。

本节接下来将讨论物联网对数据隐私的影响,介绍物联网相关隐私问题的现有解决方法,并在 10.3 节中着重讲解如何在物联网系统中实现通用数据处理机制。

10.2.3　个人数据与物联网

安全性和隐私性方面设计的不足可能会影响大众接受物联网技术的程度。媒体的相关预测在公众中引起了极大恐慌,尤其是,物联网设备和网络的广泛使用将使人们生活的各方面受到监控,并增加了个人数据滥用的风险。在利用 IoT 设备安全漏洞的案例中,2016 年数以千万计的智能家居设备对 Dyn DNS 服务进行了分布式 DOS 攻击。当然,不仅是公共 Internet 服务会受到攻击,用于监视和管理关键基础设施的 IoT 传感器和执行器也可能会遭到攻击,从而造成交通拥堵或供电中断等破坏。

显然,需要做更多的工作来解决并改善隐私问题,但如果不加限制,烦琐或繁重的隐私保护也可能会损害物联网应用程序的实用性。例如,在服务注册或应用安装时,通过提供详细的隐私条款来获得同意的机制效率较低,无法为数据主体提供细粒度和细微差别的隐私控制。

某些隐私风险是物联网所特有的,或者随着物联网兴起而增强。Rosner 详细描述的部分物联网隐私风险可总结如下。

- 增强监控。如上所述,联网的海量感知设备可以密切监视人类活动,因此,缺乏设备控制措施和意识,甚至私人和公共场所位置隐私的缺失问题凸显。
- 非同意获取。基于个人设备获得个人数据的控制授权相对比较容易。例如,个人可以控制智能手机等设备上的软件安装。但用于公众监控而非特定个人监控的传感器设备并没有个人用户界面,实现用户数据获取的同意较为困难。

- 医疗信息收集。一般而言,医疗数据被视为特别敏感的个人数据,其处理过程受到极为严格的管制(详见第 12 章)。但是,物联网健康和健身应用程序和设备的普及正在模糊医疗数据与非医疗数据间的差异。如果将非医疗设备和应用程序收集的心率、睡眠模式、血压等数据记录放在医疗背景下,更高级别的安全和隐私保护要求将使之成为一个复杂的问题。
- 信息环境的细分。融合多源数据来推断个人的其他信息可能会使用户难以接受。例如,保险公司对用户健康记录的访问。在英国,政府任命的信息专员曾警告,要加强在部门间共享个人数据的审查。
- 利益相关者的多元化。物联网生态(如第 1 章所述)以及多组织机构间的供应链和价值链有望在物联网交付中占主导地位。然而,跨组织机构的数据安全和隐私维护的管理成本越来越高,从而导致隐私风险不断增加。
- 政府的后门监控。物联网设备能够收集大量个人数据的能力引发了有关超范围获取情报的广泛争论,并增加了确保适当监管的需求。

除上述风险外,另一个因素是生成个人数据的物联网设备具有多种用途。

尽管在通常情况下,物联网设备是由公司所提供完整服务或解决方案的一部分,其互操作性范围很小,但随着市场渗透率和产品标准化程度的提高,物联网环境将更加开放。例如,智能恒温器既可以支持远程加热控制,也可能将数据提供给第三方服务进行提高能源效率的数据分析。这增加了许可使用个人数据的复杂程度。因此,增强隐私保护的方法必须能够在不增加个人负担的前提下应对这种复杂性。

许多与数据相关的隐私问题可以概括如下。

- 用户可能尚未意识到物联网系统对敏感数据的收集、传输和分析。
- 用户可能无法控制物联网系统对敏感数据的收集、传输和分析。
- 用户可能难以反映其使用 IoT 设备服务的敏感数据隐私偏好。
- 来自物联网设备的数据可能会被攻击者恶意窃取和使用。
- 未经用户同意,物联网设备可能会收集和使用数据。
- 当 IoT 设备被其他用户重新使用时,访问控制可能会受到篡改。
- 在"设计隐私"的概念下,需要在物联网系统和服务的设计过程中考虑上述问题。用户可根据隐私偏好来控制和验证敏感数据的传输,并且数据传输过程应是可验证的。同时,应将敏感数据保护迁移到授权的服务应用中。此外,在收集、传输或分析敏感数据时,需得到用户同意。

10.2.4　现有隐私保护方法

在处理 IoT 隐私的现有方法中,可以考虑支持用户管理授权和访问个人数据的一些方法。尤其是,随着滥用用户社交网络数据案例的不断出现,上述方法得到了越来越多的关注。例如,出于政治目的的个人数据收集。

迄今为止,最常见的个人数据管理方法是用户同意服务提供商(例如,社交网络、智能手机平台、旅行应用程序、智能家居设备等)使用其个人信息的模式。服务提供商可以根据个人数据提供相关服务(例如,广告)。此外,服务提供商通过存储和分析相关数据向终端用户提供免费服务,或者基于数据进行影响市场的服务改进或价格调整。

近年来,与隐私保护相关的另一种方法是个人信息管理服务(Personal Information Management Service,PIMS),也称为个人数据存储(Personal Data Store,PDS)。通常,数据由个人或代表数据所有者的第三方 PIMS 提供存储服务,因此,用户加强了对个人数据的控制权。出于特定目的,服务提供商可以获得访问数据的同意,但是服务提供商的行为将更加透明,并且数据可以按照数据主体认为合适的方式进行访问。

许多 PIMS 提供商以略有不同的方式和业务模型进行相关服务发布,下面介绍几个相关的商业服务和研究项目案例。

- Meeco[①] 是一个支持用户存储数据并管理访问者的安全平台。用户可以更新数据,并将其推送到已同意的第三方,或者允许第三方根据用户偏好进行付费访问。此外,Meeco 提供了一个支持用户与平台交互的智能手机应用,并且正在引入区块链技术进行数据交互轨迹审计。

- Digi.me[②] 为用户提供了从各种账户和服务中收集个人数据的能力,可以将这些数据组织起来,存储于个人云服务上,并与移动应用程序同步,从而使用户能够交互地搜索和浏览个人数据。用户可以通过 Digi.me 兼容应用程序(涉及一系列服务提供商)进行数据存储访问授权。

- OpenPDS[③] 由麻省理工学院媒体实验室开发,通过"SafeAnswers"问答方式来支持数据发布。该平台不直接使用数据本身来响应第三方请求,而是通过运行代码来评估结果,并对此做出响应,从而确保永远不会泄露数据本身。之前,数据匿名化技术在组织机构间共享大规模数据集时,不能保护个人身份信息,OpenPDS 可以克服这一不足。

- Databox[④] 项目可以在线和离线地管理用户家庭联网设备数据,并可以控制第三方访问,以及根据访问级别在本地或云端安装可交互的第三方应用程序。与 OpenPDS 平台一致,Databox 应用程序无须将所有信息交给应用提供者,数据处理过程中数据本身不会脱离 Databox 限制。Databox 既可以处理个人数据,也可以满足群体数据隐私保护需求(例如,家庭设备和

---

① https://meeco.me/。
② https://digi.me/。
③ http://openpds.media.mit.edu/。
④ https://www.databoxproject.uk/。

传感器收集的不同成员数据)。

除了 PIMS,还有许多旨在提高隐私透明度和标准化各方交互及互操作性的方法。其中,与 PIMS 相关的是同意收据(consent receipt),其重点是管理同意收据,而不是存储数据本身。Kantara 倡议(其 1.0 版于 2015 年获得批准)提出了便于阅读的标准化同意收据规范,该方法既适用于 PIMS,也可以更广泛地用于其他方面,并且可以提高特定目的下数据收集的透明度。同时,该方法支持数据控制者以简单的方式证明已经同意的授权。尤其是,在持有个人数据、管理或存储用户同意的情况下,可以提高不同系统间的互操作性。Consentua[①] 等多家提供商已经采用了该规范,其中,Concentua 可作为用户同意的管理平台,支持用户管理其数据的使用方式,以及提高组织机构行为的透明度和法规约束性。

W3C P3P 与 Kantara 相关,但现在已被弃用,该方法定义了 Web 服务隐私偏好交换语言的规范。P3P 使 Web 服务能够以用户易于检索和解释的标准格式呈现隐私策略。

基于 OAuth 和联合授权机制,用户管理访问(User Managed Access,UMA)指定了用于数据访问的授权框架。其目的是实现由策略或访问授权驱动的多方共享,而不是要求个人直接参与访问,从而减少了相关开销。2015 年 Kantara 倡议 1.0 版获得批准,此后许多相关实施方案陆续建立,其中,Forgerock[②] 是一种在金融、医疗保健和零售等行业提供委托访问管理的身份平台。

此外,文献[17]提供了更完整的 PIMS 产品和相关活动的概况。

10.2.5 支持 PIMS 业务模型的标准方法

当前具有商业产品的 PIMS 提供者中,最常见的商业模型是将服务免费提供给数据主体,并从数据处理中获得收益。相关收入模型涉及应用程序编程接口(API)访问费用、数据查询费用等范围。在某些情况下,数据主体也可以获得部分收益。

尽管 PIMS 的目的是增加用户对其数据的控制,但并不过多增加数据管理的开销。因为如果用户管理数据的任务太繁重,则 PIMS 提供者将很难维持大量用户,进而导致数据处理者不愿意为数据访问付费。尽管许多用户意识到其数据有被滥用或被非授权利用的风险,但到目前为止,还没有一家提供者创造了可观的市场份额,即采用 PIMS 方法并没有带来足够的收益。

有一种观点认为,在欧洲以外地区实施 GDPR 等相关立法可能会扰乱市场,因为它要求数据处理者以机器可读的方式提供数据主体的个人信息(另请参见第 6 章和第 7 章),提高数据的可移植性,以及降低对特定服务提供商的依赖。此外,

---

① https://consentua.com/。
② https://www.forgerock.com/。

满足上述需求的机制能否降低用户开销,并提升 PIMS 的吸引力还有待观察。

改进的标准和互操作性也可能促进 PIMS 服务的推广使用。同时,需要通用的数据表达方式来提升类似于 GDPR 数据的可移植性,以及允许数据访问和用户身份表达的 API 接口。

由于 IoT 设备限制,以及在物联网生态中多方参与服务交互的复杂性,首选解决方案是在 IoT 平台上实现以用户为中心的敏感数据控制机制、安全可验证的数据传输以及用户同意的确认等隐私保护功能。

FIWARE 是一个物联网/智慧城市平台,包括基于用户身份验证的授权数据流控制安全机制。

然而,如何在 IoT 平台上将用户授权信息和隐私偏好应用于数据流控制机制尚未得到充分解决。2016 年发布的第二版 oneM2M 标准首次涉及基于隐私偏好数据流控制机制的 IoT 平台架构。

本章其余部分将重点介绍满足上述需求的物联网通用个人数据处理架构,并描述 oneM2M 物联网平台标准和 PPM 组件的使用案例。

10.3　基于授权信息和隐私偏好的数据处理框架

10.3.1　数据处理框架

通用 ICT 系统在进行数据传输时,应遵守用户输入的授权信息和隐私偏好。为了实现在实时物联网服务中实现基于授权信息和隐私偏好的数据流控制,需要在系统中实现具有用户界面的管理组件,以辅助用户输入授权信息和隐私偏好。

在物联网服务中,应用程序通常会使用来自大量物联网设备的数据,但相关服务可以扩展到多个设备和许多应用场景。在用户同意的前提下,IoT 设备数据则可以被其他应用共享。物联网设备生成的数据通过数据处理单元发送到应用程序。图 10-1 描述了适用于多种应用环境的通用数据处理框架,该框架同时与 PIMS 方法兼容。

该框架包含如下四个组件。

- 物联网设备:可用于生成处理潜在 PII 数据。
- 应用程序:接收数据并根据相应数据执行操作/提供服务。
- 数据处理单元:用于处理 IoT 设备到应用程序间数据传输控制的 IoT 平台组件。
- 隐私偏好管理器(PPM):IoT 平台的另一个组件,用于管理用户授权信息和用户隐私偏好设置。

物联网设备将数据传输到物联网平台的数据处理单元,然后将数据传输到应用程序。其中,物联网平台可保存数据,如果需要,可将其分发到其他应用程序。数据处理单元向隐私偏好管理器(PPM)发送数据流控制规则请求,然后 PPM 根

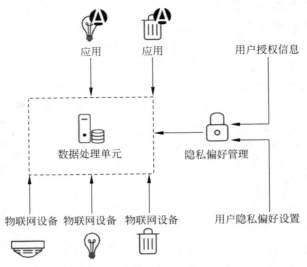

图 10-1 通用物联网数据处理框架

据用户的授权信息和隐私偏好生成相应规则。最后,数据处理单元根据 PPM 生成的规则授权 IoT 平台与应用程序间的数据传输。

10.3.2 隐私偏好管理器

PPM 是物联网平台中的附加组件,包含以下子组件。

- 授权管理,可以获得用户授权、存储授权信息,并维护授权信息的状态。
- 隐私意向管理,可以为用户提供用于输入和修改隐私偏好的界面,存储隐私偏好信息,并为授权组件生成数据流控制规则。
- 日志和日志查看器。日志审计组件可以记录数据接收者和传输时间,以及允许用户查询的数据操作日志。

基于 PPM 的数据流控制过程可描述如下。

- 隐私偏好注册。用户将其隐私偏好注册到 PPM,包括有关 IoT 设备、数据控制器(IoT 平台)和应用程序的信息。上述信息组合即可定义隐私偏好。此外,还需要注册用户的授权信息。
- 修改/更新隐私偏好。用户可以随时修改或更新 PPM 中注册的隐私偏好,该过程由 PPM 完成,与数据处理单元的数据处理过程无关,用户可以按需灵活操作。此外,用于修改隐私偏好的图形用户界面(Graphic User Interface, GUI)可以集中地管理用户隐私偏好,以支持用户的相关配置操作。
- 生成物联网平台数据流控制规则。PPM 根据用户注册的隐私偏好生成数据流控制规则,并将其提供给 IoT 平台上的数据控制器。
- 数据传输记录和日志检查。根据 PPM 生成的数据流控制规则,所有数据传输事务都将记录为事务日志,用户可以通过 PPM 生成的 GUI 进行确认。

10.3.3 框架实现

PPM 可以通过集成 IoT 平台的外部授权服务实现。授权是访问控制的一部分,包括基于策略的授权或基于令牌的授权等多种方法。在通用 IoT 数据处理框架中,数据处理单元从 PPM 检索访问控制信息,然后,PPM 根据用户许可和用户隐私偏好提供访问控制信息。一种情况是,当服务提供商应用程序请求与 IoT 设备相关的个人数据时,数据处理单元会根据 PPM 提供的信息做出访问决策。另一种情况是,IoT 设备将数据发送到数据处理单元,并根据 PPM 信息将数据传输到应用程序。在利用 RESTful APIs 接口管理访问控制信息的交换过程中,PPM 通过访问控制令牌等方式建立用户许可和隐私偏好与访问控制间的映射。基于 Web 用户界面(User Interface,UI)和数据库,PPM 可以实现用户许可和隐私偏好的存储和管理,以及用户身份验证。因此,用户偏好的改变可以反映在数据处理过程中。用户将 IoT 设备信息注册到 PPM,然后 PPM 确认 IoT 设备的所有权信息,并在特定时间间隔内生成令牌,发送到数据处理单元。

10.4 以用户为中心的数据处理架构标准化

10.4.1 oneM2M 介绍

oneM2M 是目前唯一涉及用户隐私偏好数据流控制机制的 IoT 技术标准,具有大量向其他实体公开的服务功能。其中,通用服务实体(Common Service Entity,CSE)包括数据管理、设备管理、注册、安全性等通用服务功能(Common Service Function,CSF)。如图 10-2 所示,在 oneM2M 的简化体系结构中,平台充当基础设施节点 IN-CSE(Infrastructure Node-CSE),网关充当中间节点 MN-CSE(Middle Node-CSE),物联网设备充当应用程序专用节点 ADN-AE(Application Dedicated Node-CSE)。

oneM2M 使用 RESTful APIs 在 CSE 中管理数据,并将数据定义为具有唯一 ID 的资源。同时,oneM2M 定义了用于存储 IoT 设备资源的托管 CSE。如图 10-3 所示,在 oneM2M 的数据结构中,IoT 设备(即 ADN-AE)将数据上传到平台(即 IN-CSE)。其中,数据被定义为< contentInstance >资源,而< contentInstance >是< container >的子资源。IN-CSE 为每个资源分配了唯一的资源 ID。例如,在使用 HTTP 的情况下,如果实体希望从 IN-CSE 检索< contentinstance_3 >,则该实体发送 HTTP GET 请求,目标 URI 为 http://10.10.10.1/CSEBase/ADN-AE/container/contentInstance_3。此外,oneM2M 规范的完整细节在 oneM2M TS-0001 基本体系结构中进行了描述。

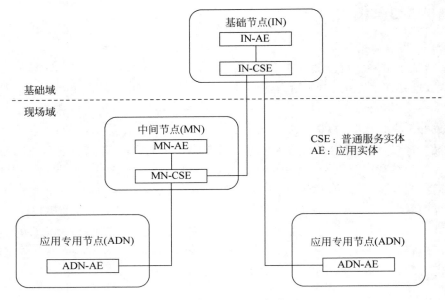

图 10-2　oneM2M 架构

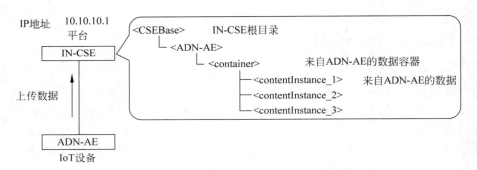

图 10-3　oneM2M 的数据结构

10.4.2　oneM2M 中的 PPM

oneM2M 中的 PPM 是向 oneM2M 平台提供 PIMS 功能的组件,并被定义为 oneM2M 版本 2 中指定的外部授权系统,主要用于存储用户许可和用户隐私偏好设置,并创建相应的 M2M 访问控制信息。此外,PPM 将 oneM2M 定义的访问控制信息应用于使用数据处理平台存储个人数据的 CSE 中。

在 oneM2M TS-0003 安全解决方案中的第 7 部分描述了 oneM2M 访问控制机制的详细信息。

10.5 实例

10.5.1 家庭能源数据服务

本节通过家庭能源管理系统(Home Energy Management System,HEMS)服务和交付服务来讲解 PPM 和相关 IoT 设备的用法。

HEMS 服务由 HEMS A 公司提供,可以从用户的 HEMS 设备(例如智能照明)收集能源消耗数据,并向用户提供节能建议。

交付服务由 B 送货公司提供,即从 HEMS 服务收集能源数据,并估计用户是否在家,为指定交付计划提供决策支持。

10.5.2 HEMS 服务

交付服务的过程可解释如下。

(1) 如图 10-4 所示,用户在 PPM 页面上设置隐私偏好。用户可以为每种个人数据设置隐私偏好。当用户在某些个人数据上设置"Attention(注意)"标签时,PPM 会重点关注该采集服务的个人数据隐私策略。"注意"标签表明用户希望仔细检查个人数据隐私偏好设置。为方便起见,用户可以使用绿色、黄色和灰色快捷按钮来设置每个设备的隐私偏好。绿色按钮表示同意提供设备生成的所有个人数据,黄色按钮表示可以提供部分数据,灰色按钮表示禁止提供个人数据。

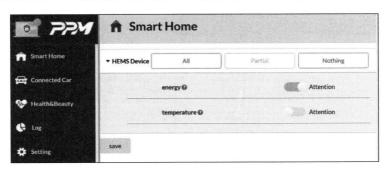

图 10-4　PPM 的偏好设置

当用户加入 HEMS 服务时,用户需要接受 HEMS 服务的隐私策略。如图 10-5 所示,在 PPM 的隐私策略用户界面中,显示了 HEMS 服务收集哪些数据,以及收集目的。其中,"required(必需)"标签表示服务需要的强制性数据,因此,用户若不同意提供所必需数据,将无法加入服务。"注意"标签指示用户在隐私偏好中已设置的注意数据。在图 10-5 中,用户将能源数据设置为"注意"数据。当用户接受隐私策略后,PPM 将创建一个< accessControlPolicy >资源。

(2) HEMS 服务提供了能源使用数据图。此外,该服务还提供了一些节能建议。

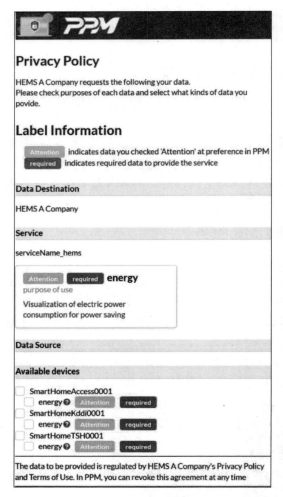

图 10-5　基于 PPM 的 HEMS 服务的隐私策略

10.5.3　交付服务

交付服务的过程可解释如下。

（1）当用户加入交付服务时，用户需要接受交付服务的隐私策略。PPM 提供的隐私策略如图 10-6 所示。由于用户在隐私偏好中将能源数据设置为"注意"数据，因此 PPM 将"注意"标签添加到能源数据中。

（2）交付服务估计用户是否在家。如图 10-7 所示，送货人员可以检查用户状态，并高效地交付用户包裹。

（3）出于隐私考虑，用户可以在 PPM 上更改隐私偏好信息（所需数据除外）。例如，用户可以将能源数据的隐私偏好信息从授权更改为未授权。在用户更改隐私偏好信息后，PPM 将重新创建< accessControlPolicy >资源。

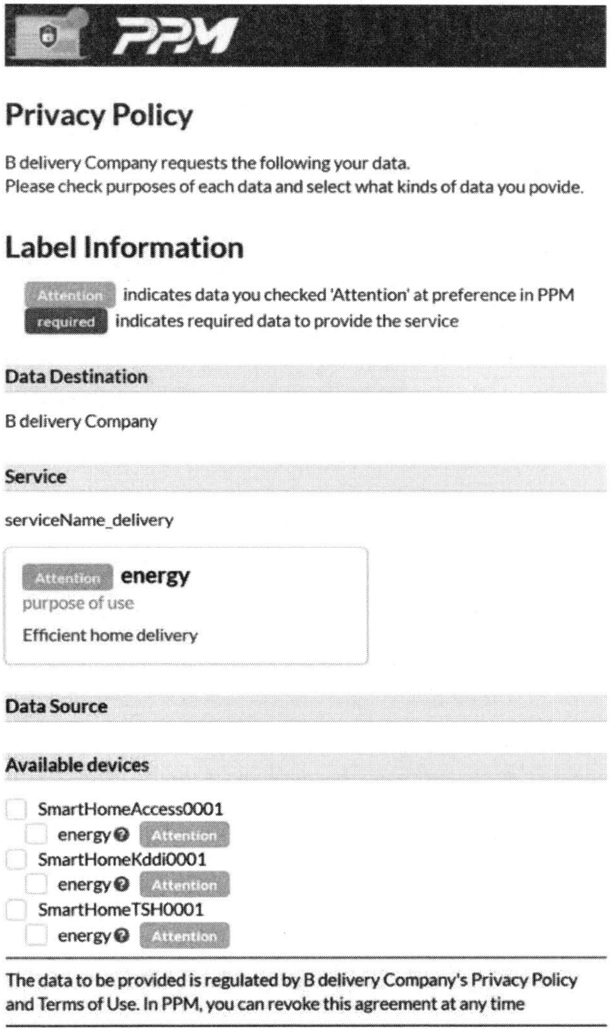

Privacy Policy

B delivery Company requests the following your data.
Please check purposes of each data and select what kinds of data you povide.

Label Information

`Attention` indicates data you checked 'Attention' at preference in PPM
`required` indicates required data to provide the service

Data Destination

B delivery Company

Service

serviceName_delivery

`Attention` **energy**
purpose of use

Efficient home delivery

Data Source

Available devices

☐ SmartHomeAccess0001
　☐ energy❓ `Attention`
☐ SmartHomeKddi0001
　☐ energy❓ `Attention`
☐ SmartHomeTSH0001
　☐ energy❓ `Attention`

The data to be provided is regulated by B delivery Company's Privacy Policy
and Terms of Use. In PPM, you can revoke this agreement at any time

图 10-6　基于 PPM 的交付服务隐私策略

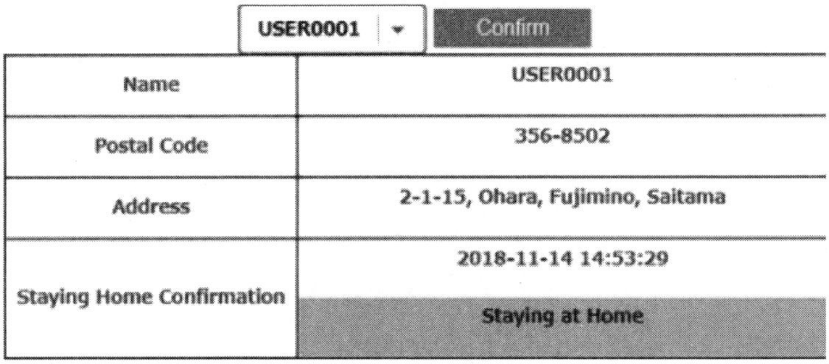

USER0001 ▼	Confirm
Name	USER0001
Postal Code	356-8502
Address	2-1-15, Ohara, Fujimino, Saitama
Staying Home Confirmation	2018-11-14 14:53:29
	Staying at Home

图 10-7　用户状态(已提供)

（4）如图 10-8 所示，由于用户不同意向交付服务提供能源数据，因此送货人员无法检查用户状态。

USER0001 ⌄	Confirm
Name	USER0001
Postal Code	356-8502
Address	2-1-15, Ohara, Fujimino, Saitama
Staying Home Confirmation	2018-11-14 14:56:01
	Unknown

图 10-8　用户状态（隐藏）

10.6　总结

数据隐私是物联网系统的关键因素之一。本章介绍了基于 IoT 数据处理平台中隐私偏好管理（PPM）组件处理 IoT 设备数据的方法，以兼顾用户对数据隐私的同意和偏好。PPM 可以提供将 IoT 设备数据传输到应用程序的规则，以及有助于提高数据流处理可信性的工具。此外，诸如 PPM 之类的方法也可以用于涉及个人信息管理的数据生态中。

对于从首席隐私官（Chief Privacy Officer）到首席执行官的组织机构利益相关者而言，需要考虑如何兼顾合规性和业务需求，通过 ICT 系统向用户提供隐私控制机制。除 GDPR 外，针对欧盟以外国家的隐私保护法规也在制定或实施过程中，因此，相关国际业务必须遵守这些规定。

尽管 PPM 组件可以改善 IoT 数据处理平台中数据的隐私性，但仍存在挑战。这些组件依赖用户授权信息和隐私偏好，但需要全面考虑物联网设备生成的数据类型、场景、有访问需求的应用程序，以及使用目的等多种变量，这些变量会形成用户授权信息和隐私偏好的多种组合。通过机器学习来帮助用户基于较少的偏好进行多项选择，这可以作为一种研究方向。此外，如何以可用、可被告知的方式为用户提供个人数据的控制需要进一步研究。

参考文献

第 11 章　区块链：在物联网上实现信任

Giampaolo Fiorentino[1], Carmelita Occhipinti[2], Antonello Corsi[1], Evandro Moro[3], John Davies[3], and Alistair Duke[3]

1 Engineering Ingegneria Informatica Spa, Roma, RM, Italy

2 Cyberethics Lab, Cardito NA, Italy

3 British Telecommunications plc, Ipswich Suffolk, UK

11.1　引言

　　如第 1 章所述，物联网设备数量正在不断增加。相关研究表明，到 2020 年底，物联网涉及的终端设备将有望达到 340 亿。

　　《经济学人》杂志报道，世界上最有价值的资源将不再是石油，而是数据。如第 4 章所述，物联网（IoT）技术在这一转变中起到了重要作用，其核心是数据共享和互操作性。其中，共享数据的关键意味着需要在网络组件之间建立起信任关系。目前，物联网中信息的共享方式仍然属于集中式。传统的物联网架构包含一个集中式信息交换平台，利用中央服务器或代理提供数据存储、处理和决策，设备管理和补丁升级，审计和授权等服务。这种架构需要具有较高配置的服务器，因为，集中式模型中的数据通信会随着服务器请求数量的增加而增加，相应地，服务器的资源需求也会增加。此外，其他与集中式模型相关的潜在挑战包括安全性、数据隐私、单点故障和集中式服务器的内在信任。

　　区块链是解决上述问题最合适的候选技术之一，能够在分布式网络中维护不可变的交易日志（账本），可以为交易和相关应用构建一个真正分散、无信任的安全环境。上述场景下的无信任意味着可以基于系统架构建立信任关系，而不是由中央控制节点或参与交易的其他各方决定信任关系。除了账本本身，区块链的另一个关键概念是智能合约——它在本质上是一个运行在区块链上的软件组件，用于实现两个或多个参与方之间的协议，可以在满足某些条件时自动触发。

通常,区块链通过账户间某种类型虚拟代币的转移来完成相关交易。因为这些交易是在无信任系统中执行的,所以区块链系统处理的交易不能被更改或不可以产生争议(也有例外)。其中,交易既可以是账户间比特币的金融交易,也可以是其他呈现形式。如果财产所有权账本的存储和验证是在区块链上完成的,则所有者可以相信账本是准确和永久的;同样地,在供应链领域,物料的采购来源可以被区块链不可变地记录下来。因此,区块链可以保证公司验证产品的真实性,并在某些情况下提供适当的健康和伦理记录。

从本质上讲,区块链可为高度分布式的零信任环境提供安全保障——不需要第三方去衡量个人对某种交易(例如,金融交易中的银行)的信任程度。这在物联网环境中非常有用,因为物联网通常会涉及来自多个制造商、具有不同数据标准、精度和其他功能特性的设备。

为了信任物联网设备的内容和位置信息,以及所产生数据的可靠性,需要一个对系统数据和设备本身透明的不可变记录。同时,多个传感器可能在特定位置测量相同的物理属性,例如,温度、流量速度、占用率等。而区块链可以通过共识机制,使参与方在系统中的价值效用达成一致。例如,共识机制可以解决物联网中当前传感器的可靠性,以及加权平均值的使用等问题。共识机制所采用的方法对相关参与方是可见的、不可篡改的,并可以通过智能合约(Smart Contract,SC)自动实现。因此,共识机制是实现区块链的重要支撑。

"区块链"概念于1991年首次出现,被抽象地描述为一种"加密安全的区块链"结构。匿名为S. Nakamoto的人(或组织)正式将区块链技术理论化,并于2008年和2009年作为比特币加密货币的核心组成付诸实现,因此,S. Nakamoto被认为是区块链之父,目前,该技术仍作为网络上所有交易的公共账本。

最初区块链与加密货币相关,后来被应用于其他领域,并迅速成为一种"网红"技术。尽管如此,区块链被广泛认为是一种可以提供透明、安全、可审计和弹性记录及数据传输的新技术。如前所述,区块链无须集中授权,通过加密技术实现无信任网络,进而保证了更快、更容易和更安全的数据交易。

区块链涉及去中心化记录存储等关键核心技术,目前在分布式物联网数据通信方式、消除集中式授权等方面已进行了一些初步研究。在基于区块链的物联网应用中,智能电网是众多垂直行业中的重要案例。区块链可以满足未来多点电力系统的新需求,实现跨微电网的交易管理。未来的电网将由相互作用的各种终端组成——微型电网、太阳能发电机、智能家电、本地分布式计算和能源管理软件。

随着市场环境的变化,即时验证节点间的自主交易已成为安全系统的重要组成部分。区块链技术可以支持多个生产者和消费者间的能源交易。在基于区块链的能源系统中,每个参与者都具有不依赖于第三方的唯一认证标识符,可以保证交易实体间更加民主的连接。如文献[10～14]所述,基于区块链的记录和加密货币可以用于谈判、完成交易、保存交易记录。这样便形成了涵盖能源生产商、消费者和代理的"即插即用"生态。

本章首先介绍了区块链技术的基本概念，然后讨论了相关技术领域面临的挑战，并特别关注物联网与区块链技术的结合，以及如何将二者应用于保险、制药行业和能源等垂直应用领域。最后，探讨了物联网环境下区块链技术面临的一些新挑战和机遇。

11.2 分布式账本与区块链

11.2.1 分布式账本技术概述

分布式账本技术（Distributed Ledger Technology，DLT）是区块链的支撑技术。依托对等网络可以在多个节点间共享分布式账本数据库，同时，每个节点复制并保存一个账本副本。这种方法的主要优点在于不需要集中式授权。当账本更新时，每个节点都可以构造新的交易，然后由节点通过一致性算法来投票决定哪个副本是正确的。一旦达成共识，所有节点都会使用更新后的账本副本进行自我更新。分布式账本的安全性通过使用加密和签名技术来维护。例如，在基于分布式账本的智能能源系统中，交易可以是用户电表的计量，也可以是保护双方（例如，能源供应商和企业）能源传输过程的完整虚拟代币转移。

为实现一致性验证，分布式账本技术必须在网络中执行共识算法，该算法使所有节点都信任交易。简单的共识算法可以通过随机选择节点交易记录来实现，但是，当网络中存在相当一部分恶意节点时，区块链系统极易受到攻击。工作量证明（Proof of Work，PoW）是一种广泛采用的一致性算法。在 PoW 算法中，网络节点通过大量计算来提高网络的安全性。这些计算越复杂，网络就越安全。PoW 算法的具体流程为：第一个节点在可接受的网络安全参数范围内获得一个值，并将该结果与其他节点共享和验证。如果此值被证明足够安全，则共享节点负责将新交易写入分布式账本。

各种共识算法的目的是增强系统安全性，并选择将交易写入账本的责任节点。在对等节点达成共识后，通过附加有效交易来更新分布式账本状态。如果将交易列表存储在一段时间后生成的信息块中，则这种分布式账本就可以称为区块链。目前，比特币、以太坊和超级账本是最流行的区块链技术。

尽管基于有向无环图（Direct Acyclic Graph，DAG）的分布式账本技术是第三代区块链技术的重要方向（比特币是第一代方向；以太坊、超级账本等是第二代方向），但本质上，第三代分布式账本技术（DLT）（例如，Tangle）并不属于区块链。本质上来看，Tangle 是基于轻量级交易的有向无环图，具有只包含一个交易的增长型气泡结构，可以从前一个交易连接到后一个交易，而且可能有多个关系（链接）。Tangle 与发送交易无关，并以协同方式工作，即 DAG 的节点必须每隔一定时间验证另外的交易。Tangle 被认为是较为适合物联网的理想分布式账本技术,但其发展仍处于早期阶段。

　　在图 11-1 中,左侧为高度集中式的物联网系统,右侧为使用区块链的分布式物联网系统,其计算资源与所有节点相关。

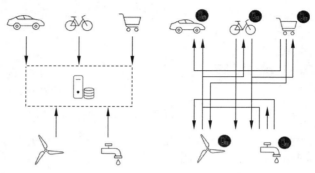

图 11-1　集中式和分布式物联网系统

　　根据访问权限的不同,分布式账本技术包括免授权和授权型两类。一方面,在免授权的分布式账本技术中,任何参与者都可以成为对等网络中的节点,并有效地拥有整个账本和最新副本。每个参与方的账本添加提议都需要通过网络与所有节点进行通信,并且所有对等节点共同执行一致性协议来完成验证。验证通过后,需要将新的更改添加到分布式账本中,以确保整个网络中数据一致性。免授权区块链的原型就是基于比特币的区块链。另一方面,在授权型结构中,节点需要得到系统管理员的授权才能访问网络、获得账本副本,以及更改操作权限。授权型分布式账本技术需要身份验证,以适应现有法律和监管框架以及体制约束。对于希望控制对等节点和链上存储数据的机构来说,这是一个理想的解决方案。

　　无授权分布式账本技术的这种分布式特性允许对等网络中的独立参与者协同在账本中记录已验证的数据,而无须依赖可信的集中式中央节点。取消集中式中央节点可以提高速度,避免维护账本和后续检验账本的相关成本和低下的效率。更重要的是,这种模式可以增强区块链的安全性,因为它可以解决整个网络中的单点攻击问题。

　　在联盟链或联盟分布式账本技术中,授权网络可以在多个组织间进行数据共享。这种结构可以由一个中央监管者来监督,例如,授权型区块链中的调节器和利益相关者。此外,在可以自我调节的分布式账本技术中,组织机构可以通过公平的方式维护网络并信任彼此的利益。联盟分布式账本技术的行业案例中,服务提供商需要可靠且单一的信息源,并需要遵守相关法规约束。例如,英国通信管理局(Ofcom)正与电话服务提供商合作,构建一个可以保证数据能够在提供商之间轻松传输的区块链。在这种情况下,联盟分布式账本是供应商间信息共享的单一可信安全来源,可为 Ofcom 提供充分的审计能力。

11.2.2　基本概念与架构

从技术的角度来看,区块链系统是一种将密码学、公钥基础设施和经济学模型应用于对等网络和分布式共识的混合体,并有效地构建了一个分布式数据库。区块链可被视为一种"交易互联网"。区块链的以下 4 个主要特征使其成为重塑部分行业的潜在力量:

- 分布式。在集中式网络基础设施中,需要一个或多个受信的集中式主体验证和授权交换数据过程(即交易)。从集中式结构改变为点对点的分布式结构,可以消除中央节点的单点故障、性能瓶颈和成本问题,并可以防止中央节点成为唯一的可以维护记录或执行授权的实体情况出现。

- 不可篡改。一旦交易被验证并上链,就不能被篡改、修改、删除或遗忘。由于区块链的哈希算法(单向不可逆的数学函数),交易列表(或区块)以加密的方式依赖于前一个区块的所有信息。因此,先前交易中的任何变更都将导致下一个区块的完全改变。根据这一原则,任何攻击都可以很容易地预防和检测出来。在典型的区块链系统中,如果攻击者要更改一组交易,则需要控制至少 51% 的网络计算能力。然而,这将需要强大的处理能力和巨大的能源消耗来克服共识算法,这通常使得区块链攻击的成本比泄露数据的成本更高。

- 可审计性。在区块链赋能的下一代应用中,智能自主节点和硬件即服务的开发成为可能。所有节点都有一个账本副本,因此可以访问所有带时间戳的交易记录,使得交易管理更加透明。对等节点在任何时候都可以查找和验证涉及特定伪匿名区块链地址的交易,这些地址与现实生活中的身份无关。当特定区块链地址泄露时,需要对相关交易进行审计,区块链将不允许追溯该记录。

- 容错和弹性。当将所有信息和通信记录以交易形式存储到区块链的账本中时,则可以确保其安全性。区块链对等节点包含账本记录的相同副本。区块链中的每条记录均不可篡改,并随时间扩散发布。区块链网络中的任何故障或数据泄漏都可以使用存储在对等节点中的副本进行修复。此外,分布式架构可以提高系统容错性和可扩展性,从而降低了物联网"数据孤岛"形成的可能性,有助于提高物联网的可扩展性。

如图 11-2 所示,区块链是一组链式区块的结合。每个区块包含一组交易,并使用 Hash(哈希)指针链接到下一个区块。指针仅仅指向某些信息存储的地方(即下一个区块);利用 Hash 指针,可以添加信息的加密哈希值。因此,尽管标准指针提供了检索下一个区块的方法,但是 Hash 指针允许请求返回信息并验证信息是否被更改。

为了更详细地解释这一点,区块链网络节点利用公钥-私钥对来发送交易,其

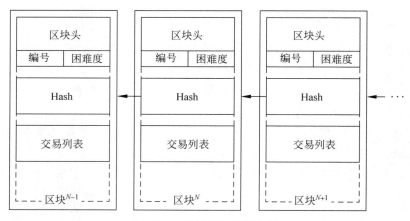

图 11-2　通用区块链架构图

中,节点使用私钥加密交易,并通过计算用户公钥的加密哈希值生成接收节点的区块链地址。哈希值来自区块链协议中设置的哈希算法,其本质是一种独特的单向数学函数,可将变长输入映射为固定长度的输出。这意味着无论输入数据的长度如何,输出长度始终是固定的。Hash 算法的另一个有趣特性是当输入变化很小时,输出却可以产生很大变化。这一特性使区块链能够轻松地检测到之前交易的变化,并跟踪和预防这些变化。区块链结构的另一个重要特征是区块头,涉及算法的重要参数设置,例如,在编号字段设置了结构顺序,在难度字段设置了所选共识算法的难度。根据分布式账本技术的要求和特性,可以在区块头中引入更多字段。

在图 11-2 所示的区块链架构图中,右侧为新生成的区块。箭头展示了区块利用哈希指针链接于前一区块的方式。也就是说,区块的内容已被编码在下一区块的 Hash 字段中,这意味着对内容(即交易列表)的任何更改都会导致不同的哈希编码(哈希函数结果)。由此,任何试图改变前一区块记录交易的尝试都很容易被发现。

交易也可以通过侧链方式在两个独立的区块链间进行。侧链是用来验证来自其他区块链数据的区块链。侧链与现有区块链(即主链)同步运行(并行),不仅增强了主链的功能,更为区块链应用开发提供了一个试验平台。

智能合约(SCs)是存储在区块链中的可编程应用程序,可根据特定条款和条件管理交易。在某些方面,智能合约是对不同主体间传统经济合约的数字化模拟。

图 11-3 描述了智能合约在达成协议或提出某种形式需求后,部署到分布式账本中的过程。当某个条件满足时,或者某一方触发了智能合约时,智能合约将按照分布式的方式运行。当整个网络达成共识后,智能合约(一致性共识或一些行动)的结果就会立即生效。

N. Szabo 认为智能合约可以使事物具有"公网上的安全关系"。在区块链中,智能合约以预先约定的方式执行交易,该方式由参与合约的各方事先约定。

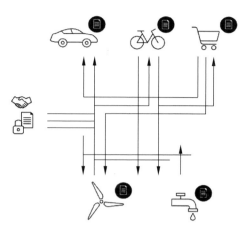

图 11-3　智能合约在分布式账本中的运行示意图

随着联网设备数量的不断增加，物联网设备可以使用智能合约与其他设备和系统进行交互，自动触发诸如买卖数据、更换或维护服务等操作。如果某一设备出现故障，智能合约可将其责任分配给另一设备，这将有助于物联网数据价值的最大化。

虽然比特币的脚本功能有限，但较新的区块链平台（例如，以太坊和超级账本）可以使用更灵活和更强大的智能合约脚本语言。例如，Serpent 和 Solidity 等智能脚本语言，可用于为以太坊编写智能合约。区块链中的所有参与者都可以看到智能合约。由于如果参与者利用已部署合约中的任何 bug，并将这些 bug 传播到所有对等节点，则会发生安全故障，因此，必须对智能合约进行仔细编程。基于安全且编写良好的智能合约，许多应用程序可为区块链网络提供多种功能、应用和算法。

共识算法是一个"少数服从多数"的集体决策过程，在该过程中，每个个体都会参与形成能够服务于其他成员的最佳解决方案。同时，共识算法可以安全地更新复制共享状态，这也是区块链机制中的难题。区块链需要确保共享状态的所有副本都是同步的，并且在任何给定时间内节点需要与共识协议保持一致。通常，在每轮更新中，每个区块都会被封装于不同的节点，而且，网络越公平，封装节点的重复性和可预测性就越低。

为了保证所使用共识算法的性能，并解决恶意节点攻击问题，共识算法的选择至关重要，而且，共识算法的选择会因区块链类型的不同而变化。例如，在免授权区块链中，可以通过所有参与者匿名投票的方式达成共识。然而，匿名性可能会让恶意参与者通过"改变"投票结果来达成共识，即使决策倾向支持某个特定参与者发起的女巫攻击（Sybil Attack）（注：女巫攻击是通过创建多个假身份来控制区块链的行为，而且这些假身份看起来是唯一的用户）。因此，在该场景下，一个实体同时控制着许多身份，通过在民主的网络中增加投票权来影响网络。

应对女巫攻击的对策之一是基于彩票选择方法,即共识算法利用彩票选择方法选择节点,并将新区块发布到区块链上。就处理成本而言,为保证单个实体资源不足以使共识决策产生偏向,这种彩票机制在区块创建中需要进行大量工作。

首个公有区块链共识协议是 PoW 共识算法。PoW 建立了分布式的无信任共识机制,同时也解决了"双花"问题(the double-spend problem)。因为 PoW 可以确认为区块链生成新区块的交易。在 PoW 中,所有节点都必须计算一个密码难题来获得创建新区块并写入交易列表的权利。此外,PoW 通过经济激励来吸引节点尽快完成计算任务。最先解决密码难题的节点将获得加密货币(例如,比特币)奖励。另一种共识机制是利益证明机制(PoS),其实现途径是将对等节点在网络中的经济份额作为担保。在 PoS 中,验证器节点可以生成新区块,并以伪随机方式选择发布到区块链上,被选择的概率与验证器在网络中的(代币)份额成正比。

当分布式账本中应包含的内容达成共识后,封装节点(共识算法选择的节点)开始编译交易列表,并创建新区块。从这个意义上讲,区块是在前一区块和新区块创建时间段内所有节点发送的交易列表,以及其他标识字段(取决于区块链类型),例如,区块版本、难度、随机数(Nonce)、哈希等。Nonce 是标识交易顺序的字段,可有效防止区块链的重复支出问题。Hash 是保存之前所有区块哈希值的集合,可以说是区块中仅次于交易列表的最重要字段。

11.2.3　部署分布式账本的时机

在过去的十几年里,分布式账本技术引起了技术界和媒体的广泛关注。这起源于比特币(Bit Coin)的诞生,在比特币系统中,对等节点可以在没有集中式调节器的情况下快速安全地交易加密货币。后来,随着智能合约(SCs)和新分布式账本技术(DLT)(例如,以太坊(Ethereum)和超级账本(Hyperledger Fabric))的出现,各界对这种架构在各种应用领域的潜在优势越来越感兴趣。

Gartner 报告表明,可以通过 4 项测试来构建一个强大的分布式账本技术应用,以避免炒作陷阱。4 项测试如下(非重要性排序)。

(1) 利益相关方需要一个分布式账本,其中,所有参与者都可以访问单一可信的数据来源。

(2) 分布式账本必须是不可变的,数据不能删除或更新。

(3) 需要提供独立的加密、审计和追踪,例如,证明设备的身份、状态或来源。

(4) 各方利益可以保持独立,并且在任何时候都不存在单独的控制实体。

区块链可以作为解决物联网安全、数据可用性和可信性等关键问题的候选方案。除了之前讨论的单一可信来源和资产等问题,状态证明和维护机制对于物联网系统也至关重要。Gartner 的 4 项测试中的测试(1)、(3)和(4)对物联网系统非常有用,因为区块链的优势可以帮助解决物联网所面临的挑战。

例如,在智能电表的认证、授权和审计(Authentication, Authorization, and

Accounting，AAA)中，智能电网系统已经在利用区块链的无信任特性。在本章第5节所述的 NRG-5 项目中，无须依赖单一监管或集中式认证机构来执行 AAA，基于区块链的智能电网正在使能源系统更智能、更安全、更快、更容易设置。

11.3 万物账本：区块链与物联网

物联网的目标是让智能设备通过互联网相互通信、全面收集数据，并通过数据分析在广泛的应用领域提供有见地和可操作的信息。因此，物联网的关键是数据的可信性。这意味着数据不仅必须准确，而且必须对设备是可用、统一和可靠的。从这个意义上说，分布式账本技术可以潜在地为这些问题提供所需的保证，并很适合物联网架构。

此外，分布式账本中数据的呈现方式是语义独立的，这意味着数据在区块链上的可用方式非常灵活，而且所有用户都可以访问。这保证了各种设备在区块链中以最佳能力的运行。如果按照这种设置方式，智能合约可以充当可信的数据代理，在账本上提供更大的灵活性和适应性。

由于区块链的价值随着对等节点数量的增长而提高(随着交易验证数量的增加，共识将更为强烈)，具有区块链功能的众多物联网设备的增长和部署也会呈现出强大的组合能力。

随着联网设备数量的增加，可以使用智能合约与其他设备和系统进行交互，从而自动触发买卖数据、更换/维护服务等操作。如果某一设备出现故障，智能合约可将其任务分配给其他设备，这将有助于物联网数据价值的最大化。

11.4 优势与挑战

在物联网上使用分布式账本技术有许多潜在好处。区块链和物联网技术的结合可以形成一个分布式的物联网框架，其优势如下。

- 信任。区块链使交易方之间建立信任。区块链的无信任特性消除了用户信任集中式实体处理物联网数据的需求，从而防止了恶意第三方收集用户的隐私数据。在无可信中介的情况下，区块链可以更快地部署自动化合约。
- 弹性。物联网应用需要保证数据在传输和分析过程中的完整性。区块链允许物联网框架对数据泄漏和破坏具有弹性，并在区块链对象上存储记录的冗余副本。
- 适应性。分布式账本是语义无关的分布式数据库。因此，使用区块链建立物联网的网络控制机制，有可能在数据集和数据本体方面达到更高程度的适应性。

- 容错性。物联网通过收集数据和自动化功能来保持一致可用的智能设备体系。区块链可以通过分布式共识协议识别设备故障，并借助智能合约实现数据处理。
- 安全。物联网面临的最大挑战之一就是网络安全。区块链技术提供的区块加密性质和分布式共识机制有助于确保数据的机密性和不可篡改性。
- 完全分布式。在当前的物联网服务中，用户将数据汇聚到中心服务提供商，以获得物联网服务。然而，通过公有分布式账本交易的数据可以带来额外的好处，即用户可以在数据市场中自由地将其物联网数据货币化。区块链解决方案还可以激励用户按需向其他用户提供物联网资源，以换取加密货币或其他服务。

尽管有这些好处，但在设计物联网账本系统时，还需要考虑一些重要因素。物联网设备通常计算能力低、能耗低。因此，这些设备不能存储、计算大量数据或复杂的密码难题。因此出现了如下挑战。

- 可扩展性。物联网设备无法承担传统 PoW 共识协议解决方案的计算成本。权益证明和授权证明等替代方案已经在以太坊中进行了测试，并已在无授权和联盟区块链中使用，可以减少共识算法的计算工作量。然而，这些较新的共识算法是否具有区块链所需的必要安全性和分布式仍然不确定。
- 储存。对于存储空间有限的物联网设备，引入不断增长的账本是一个挑战。基于 DAG 的分布式账本技术是一种可能的解决方案，例如，Tangle 只由单个交易结构组成，开销较少，不与所有以前的交易相关联，而是与一组旧交易关联。这已经被证明对物联网是有效的，因为随着参与者数量的增加，这些系统也变得更加安全和快速；但 Tangle 目前不支持智能合约。
- 延迟。由于需要存储和处理更多的数据才能创建区块，这会成为精确和实时的物联网数据受到限制。切分技术被定义为对数据库各个部分进行分区，并根据需要分配资源来处理每个切分，而不是管理整个集合，其目的是优化数据库。当把切分技术应用于区块链时，可以有效地将不同区块交易分割到网络的不同部分，即节点将不再持有账本的完整副本，而是作为账本的一部分，仅在需要时请求并共享其副本以缓解延迟瓶颈。
- 安全性。之前强调了分布式账本技术在安全和隐私方面的优势。鉴于前面讨论的区块链容错性，网络不容易被单一节点攻击。但如果网络的大部分由一方控制（或被攻击），区块链的安全可能会受到威胁。无授权区块链系统只会给受信任设备授权，如果需要，可以移除可能受到攻击或可能有故障的设备，以帮助解决一些安全问题。
- 隐私。写入区块链的每项交易都是不可变的，因此无法删除。从这个意义上说，尽管分布式账本技术在数据隐私方面具有优势，但 GDPR 规定的"被

遗忘权"却很难实现。在这种情况下,可采用授权型区块链系统来获得技
术支持,并实现应有的隐私保护。"被遗忘权"问题的唯一解决方案是系统
补丁,即将区块链状态和数据与要删除的数据分开,然后可以在没有删除
数据的情况下重新创建区块链。

- 环境影响。验证交易的复杂算法是区块链的核心。目前的算法需要耗费
  大量能量,使得区块链成为一种高能耗的技术。此外,物联网生态非常多
  样化。物联网设备的处理能力差异较大,并不是所有设备都能以期望的速
  度执行相同的加密算法。

- 法规遵循。如本书关于数据隐私的章节中的详细描述,通用数据保护条例
  (GDPR)引入了数据隐私立法。欧盟 GDPR 第 17 条"删除权('被遗忘
  权')"规定,"数据主体应有权要求控制者删除有关其个人数据……"某些
  区块链特性,如不变性和透明性,不容易让区块链实现被遗忘权;备选解决
  方案是在隐私管理系统中采用隐私设计策略,这是一种超出本章范围的技
  术解决方案,或者采用上文简要讨论的系统补丁方式。

11.5　区块链用例

区块链在物联网中的潜在应用是巨大的,但其附加价值也是关键的决定因素。
文献[34]给出了将智能合约用于在区块链上部署保险单的案例。该系统向客户和
保险供应商保证可以在不同、不可辩驳的因素中公平地作出决定。分布式事件数
据库和保险单协议(以智能合约形式)是易于访问和审计的。另一个应用是使用区
块链管理药品供应链。利用区块链记录的可信性和不可篡改优势,制药公司可以
跟踪药物来源,用户和医生可以根据区块链上保存的记录来保证整体的质量。

区块链的无信任和分布式特性也被用于开发智能能源设备的 AAA 机制(有
关能源行业物联网的更全面讨论,请参见第 13 章)。其中,将智能电表注册到区块
链,然后区块链向设备发出并验证数字身份。因此,一旦智能电表注册到区块链,
其身份就可以被所有对等节点安全地信任。这得益于区块链的不可篡改和免信任
能力——一旦相关智能合约发布了身份,即可被注册为可以默认验证和信任的交
易,而不必依赖集中式中央节点或能源供应商。如果不使用区块链,这一注册过程
将花费较长时间,并且每次记录信息时都必须依托集中式中央节点重复进行。这
一过程完全由区块链网络中对等节点执行,然后形成部分可信的信息源。一旦智
能设备操作在区块链上完成注册,即可供各方完全访问,实现更容易的审核溯源。
参与方从智能设备请求信息来构建应用程序的工作方式是相同的。与传统的利用
可信集中式中央节点验证设备身份的方式不同,现在对等节点可以相信包含在
AAA 区块链中的信息,因此,可以轻松地对相关通信过程进行认证和授权。

图 11-4 是基于区块链的智能能源设备认证流程,它显示了为智能能源应用开

发案例中 AAA 应用程序的信息流①。该原型系统中,智能设备通过应用程序编程接口(Application Programming Interface,API)与区块链交换消息,即虚拟区块链处理(Virtual Blockchain Processing,vBCP)。vBCP 提供智能设备的身份和 AAA 机制,然后将这些信息提交给相关方,或返回给智能电表或数据消费者,例如,公用事业提供商。

如图 11-4 所示,左侧智能电表可以连接到网络边缘服务器提供的 API 服务,并使用为减少消息开销和有效载荷而开发的 Web 终端。该 API 将消息转发给 vBCP,并负责调用智能合约执行身份验证和 AAA 检查。首先调用中继智能合约,以保证设备已经注册到系统中,并且拥有凭证。然后,中继智能合约通过调用相关智能合约来验证设备的 AAA,这取决于网络上允许的智能设备类型(例如,智能电表、无人机或智能电源开关)。随后,智能合约将通过 vBCP 做出响应,详细说明所用设备的 AAA 参数。例如,可以将此响应转发到基于云服务的数据消费单元或能源供应商。

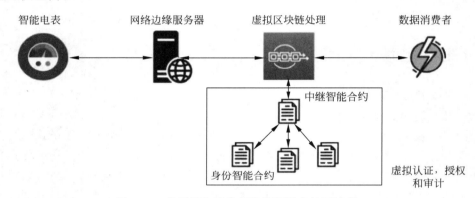

图 11-4　基于区块链的智能能源设备认证流程

11.6　总结

正如本章所述,分布式账本技术为物联网提供了许多好处,特别包括:
- 共享式不可篡改的账本记录了物联网世界的许多方面(包括设备类型、软件更新、硬件更改、状态、故障和位置),并增强了设备及其数据的信任关系。
- 物联网设备间就测量的特定属性值可以达成共识。
- 智能合约允许物联网设备自由地与其他设备和系统进行商业和自主互动。
- 避免中介(受信任第三方)验证开销,降低了成本,加快了交易速度。

---

① http://www.nrg5.eu。

- 对于资产管理，记录资产位置、所有权转移、参与方的占有情况或可能影响其价值的恶劣条件。

尤其重要的好处是在无信任环境中构建的信任体系：无须为某种交易（例如，金融交易中的银行）确定第三方信任。这与物联网环境关系尤为密切，因为，IoT环境通常涉及来自多个制造商并具有不同数据标准、精度和其他功能特性的设备。随着联网设备数量的增加，可以使用智能合约与其他设备和系统进行交互，从而自动触发诸如买卖数据、更换或维护服务等操作。如果某一设备出现故障，可以将其任务分配给其他设备，这将有助于验证并最大化物联网数据的价值。

此外，本章还讨论了与使用分布式账本技术相关的一些挑战，并研究了智能能源领域的用例。尽管优势与挑战并存，结合部分分布式账本技术与物联网架构将带来强大的技术优势，而且，这种结合将对物联网系统和商业模式产生重大影响。

参考文献

第 12 章

医 疗 健 康

Duarte Gonçalves-Ferreira ,Joana Ferreira ,Bruno Oliveira ,Ricardo Cruz-Correia ,and Pedro Pereira Rodrigues

CINTESIS-Center for Health Technology and Services Research ,Faculdade de Medicina da Universidade do Porto ,Porto ,Portugal

12.1　医疗健康背景下的物联网

　　人口老龄化和相关慢性病的增加给医疗卫生服务带来了新的挑战。随着医疗保健和健康监测需求的日益增长,对医院床位、设备、医生、护士和其他卫生专业人员的需求也不断增加。因此,迫切需要在不影响医疗保健服务质量的前提下,提出减轻医疗系统和相关机构压力的解决方案。

　　物联网技术在医疗保健中的应用已成为减轻医疗系统压力的有力武器。早期许多基于物联网的相关健康应用系统已得到使用,例如,远程健康监测、健身计划、慢性病和老年护理。

　　美国知名市场调研和咨询公司 GrandView Research 发布的市场研究报告指出,在 2020 年,全球医疗保健行业在物联网设备、软件和相关服务领域投资近 1610亿美元,远高于 2014 年的 589 亿美元,并指出导致这一增长的两个主要因素为老龄人口的增加和物联网技术的进步,例如,5G 网络和使处理器变得更快更小的技术。医疗保健中的物联网技术能够持续监控患者的生物特征、周围环境,甚至患者情绪,并将这些数据发送给临床医生,辅助其通过数据分析和机器学习应用程序给出患者护理方式的调整建议。

　　正如第 1 章所述,物联网是一种由互联设备构成,并可以进行数据采集和交换的网络。因此,物联网技术能够自动采集大量健康数据,并通过数据分析获得更好的医疗健康效果。

12.1.1　医院病人状态监测

住院治疗的病人需要专业医护人员的监测和跟随。然而，所提供的监测和护理水平根据具体患者的病情及其严重程度而有所不同。

重症监护室（Intensive Care Unit，ICU）可以提供高水平的护理，其核心能力是在面临严重疾病或伤害时提供临时支持，并在某些情况下替代多个器官系统功能。ICU需要重症监护支撑团队持续关注高危者。这些病人需要医疗健康专业人员采取一系列复杂和紧急的干预措施，并且他们所处的环境中，病人服用的药物数量是其他医疗部门的两倍。危重患者需要更严格的生理功能监测（如心电图、血氧饱和度、无创血压、心率、呼吸频率、体温），这些需要更多的时间和专业知识及经验，以及每个医护人员在面对患者病情变化时的快速反应。这种密集生理监测的后果之一是临床医生因此产生的警报疲劳。医疗器械尤其是生理监护仪产生的大量错误和无关报警，会导致医务人员忽视重要的警报。警报疲劳是由于过度使用无关或不重要警报而产生的一种状态，最终可能导致临床医生忽略、静默或停用警报。这可能导致工作人员忽视患者病情的重要变化，从而影响所提供的护理质量。通过使用数据分析技术帮助临床人员更好地定义警报，可以减轻警报疲劳。

在ICU环境中，噪声和室温等因素也不利于提供有效的医疗服务。在这种情况下，有效执行远程监控能力为维护患者健康和克服专业人员短缺问题提供了新的解决维度。

物联网与云计算或边缘计算的结合（见第3章），为远程医疗的专业人员持续监控患者提供了重要工具。由于可靠、经济、安全的传感器技术的发展，这已成为现实。将无线传感器集成到ICU环境、室内，以及床边和可穿戴设备，就可以监测患者状态的微观和宏观参数。

随着实时数据的收集和计算机化数据分析（见第3、4章），对患者进行更密切和更智能的监控已成为可能，这通常可以更快、更精确地实现针对单个患者的定制化服务，并减少医疗专业人员的警报疲劳。

12.1.2　从医疗健康到日常生活的物联网

随着物联网在各机构中的使用，许多智能医疗设备已经以可穿戴设备和家庭传感器的形式进入商业市场。这些产品有助于完成一些医疗任务和程序，如监控远程患者、保持与医疗专业人员的联系、提升康复效果、减少患者去医疗机构的频次，以及为自我监控、方便患者提供工具。

基于物联网的医疗保健系统由多个节点组成。在传感器节点上，数据由家庭周围的可穿戴设备和基于环境或视觉的传感器收集，发送到机构内部或云端网关节点，然后进行数据存储和分析。如图12-1所示，该方法符合本书引言中讨论的通用物联网生态系统框架（见第1章）。

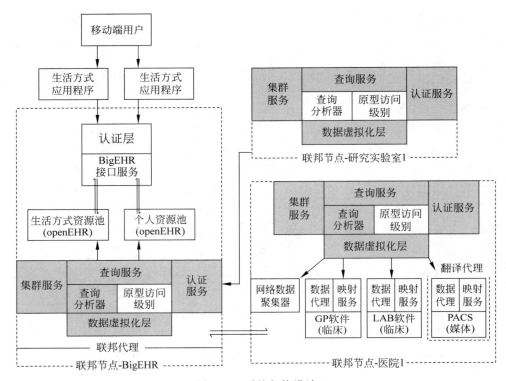

图 12-1 系统架构设计

　　最常见的传感器节点是用来测量脉搏、呼吸频率和体温等生理状况的可穿戴传感器组合。这些都是反映生命状态的重要标志。此外,血压和血氧传感器可与上述 3 个关键生命体征一起使用。脉搏传感器已被广泛研究并用于医疗和健康领域。在医学上,这些传感器可用于检测各种紧急情况,其中包括肺栓塞、心脏骤停和血管迷走性晕厥。在商业上,部分健康跟踪可穿戴设备具有脉搏测量功能,如胸带和腕表。呼吸频率是另一个重要的标志。目前已经开发了几种类型传感器。测量这个参数有助于识别哮喘发作、呼吸暂停发作、肺癌、惊恐引发的换气过度、气道阻塞和肺结核。第三个关键生命体征是体温,在可穿戴医疗系统中,体温是一个非常有用的诊断工具,可以检测体温过低、中暑、发烧和其他情况。

　　还有可以从环境中记录空气质量、天气情况、移动和睡眠等数据的固定传感器。尽管这时需要在周围安装一些固定传感器,以提供类似于可穿戴传感器的全天候监控,但大多数固定传感器的灵敏度不高。虽然这种传感器受物理位置限制,但与可穿戴传感器相比,具有精度更高、无须电池、持续待机的优点。文献[29~31]提到了环境对于患者状态和病情控制的影响,讨论了监测患者周围环境如何帮助预防危重事件和住院治疗的问题。

12.1.3 系统互操作

医院需要对使用其医疗服务的患者数据负责,这些数据涉及医院提供优质医疗服务所需的临床、人口统计和财务。作为数据的保管者,医院有责任保证数据安全(详见第 8 章),因此,即使与其他机构共享数据可以促进服务绩效和护理质量,仍必须意识到数据共享所固有的风险。

众所周知,虽然患者是数据的所有者,与其他机构共享患者数据可以提高患者的总体护理质量,但在医疗健康互操作和数据泄露问题上,仍有很长的路要走。从可穿戴设备和其他传感器将外部数据添加到患者的电子健康记录(Electronic Health Record,EHR)中还不是常见的做法。血压值或心跳数据需要更多背景信息才具有临床意义,而且,测量程序、所用仪器、仪器的误差范围或误用都会影响测量结果。不同的可穿戴设备和传感器制造商限制其应用程序或特定应用程序编程接口(API)提供的数据,并且不以与其他供应商相同的标准化方式提供信息。

正是由于这些原因,来自这些传感器的数据从未存储在患者的电子健康记录上,并且往往分散于不同的应用或存储位置。这种现状是不理想的,因为这些数据可以直接影响病人的福祉,并用来改善护理质量。

12.2 BigEHR:一个完整的终身健康记录联邦资源池

在医疗健康领域,即使患者是自己数据的所有者,医疗机构也是数据的法定保管人。当研究人员想因研究项目而访问数据时,需要向机构提出数据访问请求,描述需要访问的所有字段,并解释将如何处理这些数据。这一过程可能需要很长的时间,在研究者可以访问数据之前,需要经过多个伦理和临床专家小组的审核。他们需要遵守相应的机构处理过程。除此之外,由于涉及的不同系统数量、数据存储方式,以及系统所使用的术语,因此,数据质量并不总是最好的。这些系统需要从与同一患者相关的不同机构收集数据,因此,数据质量问题不仅影响研究人员,而且会阻碍以患者为中心的医疗保健领域和个人医疗保健系统的发展。

开放电子健康记录(openEHR)采用了一套基于多级、单源建模方法的可互操作 EHR 系统体系结构原则。其主要目标之一是在不丢失意义的情况下,实现可以互相交流的电子健康记录系统,进而实现语义互操作(另见第 5 章和第 6 章)。

在 openEHR 中,用于获取临床信息的模型(或模式)是一个机器可读取的规范,它规定了如何使用 openEHR 参考模型(称为原型)存储患者数据。尽管原型描述了完整的领域级数据结构,如"诊断"或"测试结果",但还有另一种称为"模板"的结构,它提供了用于商业目的的原型定义数据点的分组方法。

openEHR 的一个原则是定义原型查询语言(Archetype Query Language,AQL),这是一种基于 SQL 的查询语言,允许在 openEHR 资源池中检索数据。AQL 执行的查询是基于 openEHR 原型和模板定义构建的。如果可以将遗留数据库中的概念映射到 openEHR 模板,就可以尝试将查询从 AQL 映射到要在遗留服务器上运行的结构化查询语言(SQL)。

12.2.1 为什么是联邦架构设计

联邦架构设计是一种企业模式,它侧重于自治性和灵活性,允许在自治和分布式系统或应用程序之间进行通信和数据共享。在联邦架构中,虽然必须定义一个契约来记录数据共享的通信过程,但系统可以在没有集中实体来管理的情况下工作。与集中式授权和认证授权不同,联邦架构的授权和认证是分布式的。每个机构都有自己的认证和授权系统,可以配置自己的访问规则,并通过身份识别机制保证节点可以确定的对象共享数据。当将联邦架构与纯分布式方法进行比较时,后者通常侧重于诸如分布式、弹性和可伸缩性等需求,而联邦系统则更注重自治和对每个节点的控制分离。

12.2.2 系统架构

该系统设计基于点对点架构。网络中的每个节点都可以与它所知道的另一个节点通信。与 BitTorrent 这样的自动发现系统不同,系统中每个节点都与其他节点分享它所知的网络信息,本系统是一个主动系统,每个节点都必须通过配置与其他节点通信。由于考虑到机构之间数据共享协议,我们选择不采用自发现系统。当两个或两个以上的机构同意互相访问数据时,它们会签署一份明确规定该协议规则的法律文件。没有一个机构能够仅仅因为它们都连接到同一个网络而自由地访问另一个机构。这些协议规则不在本文的范围之内。

该网络的主要组件称为联邦节点。节点可以表示一个机构、机构中的部门,或者只是需要定义自己访问规则的信息系统。它由两个主要组件组成:联邦代理和翻译代理。联邦代理监督与网络通信、验证和相关 AQL 查询的解析以及授权,而翻译代理更接近数据源,并充当它与联邦代理之间的翻译器。

在联邦代理中,负责与网络其余部分进行通信的组件称为群集服务,并充当其他联邦节点间的输入和输出通道,使用安全传输层安全(Transport Layer Security,TLS)通信通道和公钥来验证自身和所连接的其他节点。公钥验证在认证和授权服务组件(Authentication and Authorization Service,Auth Service)中完成,它还负责验证节点接收或发送的每个请求。用户被授权后,只允许给另一个节点发送一次请求。

联邦节点的主要组件是查询服务,负责根据 Auth Service 中定义的规则在 AQL 中验证请求,将请求发送到翻译代理,后者将请求转换为数据资源池能够理解的格式,将请求发送到数据资源池,并将所收到的数据转化为 openEHR 记录,然后将该记录反馈给查询服务。

  联邦代理还可以为研究实验室等学术机构提供用于查询相关数据的单向通道；或者，作为生活方式或个人健康护理移动应用程序中的数据生产者，可以将数据集成到 EHR 中。该系统还可用于从传感器和物联网设备收集信息，为研究人员提供一个聚合的数据资源池。通过这个平台，他们可以访问多个机构、多个健康信息系统（Health Information System，HIS）、机构内外的传感器，甚至患者手机上的移动应用程序。

12.3 采集物联网健康相关数据

  将 BigEHR 系统部署到相关机构后，则将其与多个数据存储库的连接变成了可能。与我们合作的大多数医院都有许多"遗留"系统，患者的数据通常分散在这些存储库中。BigEHR 在这些遗留系统之上创建了一个查询层，以便更快、更方便地访问患者数据。

  在医院可以安装多种传感器，包括重症监护室内部或手术室的所有传感器，可以跟踪新生儿或机构内的其他患者。由于很多新旧系统无法统一支持这些传感器，因此，如图 12-2 所示，在系统中添加了一个名为"网络数据聚集器"的新节点。这是一个网络嗅探器，用于收集机构网络上多个系统间共享的数据，可以从不能直接访问或者不能更改的传感器获得数据。

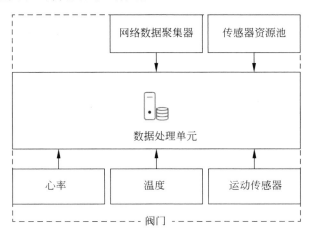

图 12-2 具有网络数据聚集器的系统

12.3.1 从医院内部获取数据

  ICU 传感器是使用网络数据聚集器获取数据的理想选择，通常将数据发送到中央系统进行记录，具有极其重要的作用，不能被篡改。我们可以使用网络数据聚集器来获取发送到记录系统的数据，并将其存储在我们自己的存储库中以备后用。也可以在记录系统中直接获得数据，但是许多医院数据库的顶层都有警报系统，因此,我们更偏向于采用网络数据聚集器这种解决方案。

对于其他传感器系统,例如,追踪机构内的床和轮椅,我们可以使用实验室信息系统(Laboratory Information System,LIS)或 EHR 系统中的数据代理,直接从其数据库中收集数据。然后,可将这些数据用于分析医院或部门的生产和绩效,这将会对医疗保健服务产生全面影响。

12.3.2　从外部资源获取数据

还可以将移动应用程序和个人传感器连接到存储库。如图 12-1 所示,有一些节点专门对接远程移动设备应用程序,并在 BigEHR 区域中表示。通过这种方式,可以将来自移动应用程序的数据从其余机构数据中分离出来,并且具有与机构内任何其他节点相同的访问控制和认证限制。

如果患者有一个登记食物和水分摄入量的应用程序,或者记录他或她所服用药物的应用程序,可以将这些数据连接到 BigEHR 系统资源池中。

来自应用程序的数据通过认证层发送到 BigEHR 的 API,根据存储库中的用户安全设置分析用户请求。如果请求有效,则将数据发送到该应用程序的特定存储库。目前,此存储库中的数据只对数据所有者——患者开放,但也可以将存储库配置为允许系统其他用户访问的模式。例如,用户可以授权给家庭教师、医疗保健专业人员或机构。患者还可以检查其数据的所有访问请求记录,以及相关访问的用户、日期、时间和被访问的字段信息。

患者也可以通过移动电话访问数据,经其允许,专业医疗人员或研究人员也可以访问这些数据。由此可以改善医疗保健服务,并允许医疗保健专业人员获得更多患者数据。

还可以从智能手表或智能带收集数据,例如,患者脉搏、体温甚至呼吸数据,并将数据添加到已存储的数据中。除了这些个人传感器,还有其他可以提供更具体信息的传感器,例如,糖尿病患者的血糖仪或哮喘等呼吸相关疾病使用的空气质量传感器。

例如,使用空气质量传感器时,患者可以获得何时房间需要换气的信息,以便打开窗户。通过跟踪空气质量和天气状况,呼吸系统疾病患者可以将哮喘发作、发作前和发作期间的空气质量联系起来。这样就可以更好地了解是什么触发了病情,以及如何改善周围环境来减少发病次数。

从这些传感器收集的所有数据都可以通过 BigEHR 资源池获得,类似于网络上另一个机构的节点,就像基于统一的存储库进行数据分析一样。

12.4　从物联网数据中提取有意义的信息

现代医疗保健系统的日常运行产生了大量数据,这些数据被广泛认为能够使健康研究获得有关健康、疾病和治疗的新知识。然而,重复使用常规医疗数据进行研究是有争议的。公众和政府对数据隐私的日益关注(见第 10 章)导致了新的指令和法律的出台(如通用数据保护条例(GDPR)、电子隐私权),这就要求人们对数据处理进行彻底的反思。随着"默认隐私"和所有数据操作所需要授权的明确,一系列新型责任落在了物联网设备的开发者身上,这也可能阻碍数据重用和数据挖掘。

12.4.1　隐私问题

在物联网中,大部分计算处理是托管的,这需要从数据安全和隐私角度,构建涵盖从设备到云计算的完整处理链,包括通信基础设施。遵守法律不仅仅是端到端的安全通信,因为在数据泄漏、滥用、重用的情况下,即使有必要的授权,也不应以任何方式对特定用户标识任何数据。

指令规定所有数据必须匿名化,即不可以直接识别出单个个体。虽然完全匿名化是不可能的,但在物质(隐私)和价值(数据挖掘)重要性的驱动下,匿名化和隐私保护数据聚合技术是当今研究热点。

将来,由于现有的指令在系统数据之间进行强制、透明的迁移,因此,人们期望创建一种标准且实用的隐私保护数据聚合方法,类似于本文中介绍的架构,这种方法对于所有供应商都是通用的。然而,数据保护是强制性的——这应该是所有新型物联网开发的首要问题。

12.4.2　分布式推理

一旦将不同来源(包括物联网)的数据按照统一的数据结构聚集成一个数据存储,那么人工智能(见第 3 章、第 4 章和第 6 章)就可以产生有意义的见解,实现特定数据模式的比较,并提出预测性建议。挖掘医疗传感器数据,可以确定信号之间的关联,从而提供更好的警报机制、诊断和预后能力。此外,在不同患者间检测测量值的相似性是探索分布式环境中异常情况的方法。移动设备和嵌入式设备可以将不同的患者和医生连接起来,而不会泄露患者的敏感信息,但仍能实现相似特征目标的识别。

为了获得有意义的见解,同时保护隐私,算法必须发展为包含分布式推理,即定义为本地算法,这是分布式系统开发最有效的算法家族之一。本地算法是网络算法的一种,在这种算法中,数据无须集中,计算由网络的对等节点执行,因此与全局算法相比,它具有高度的可伸缩性特征。

在物联网数据生成场景,本地算法可以实现与全局集中式算法高度一致的性能,同时可以减少整个网络的通信量,并对通信的不完整性具有鲁棒性。这些本地方法为医疗保健领域的真实世界应用带来了好处,因为物联网应用程序产生了大量常规收集的真实世界数据,从而创建了一条提高系统理解力的研究路径。从某种意义上说,每个参与者都可以计算出全局性见解,而不需要共享任何敏感数据。

12.5　展望

当然,与健康相关的物联网数据收集、管理、分析和挖掘——健康数据科学,将确定未来的核心研究路径。然而,一些人非常郑重地警告说,这既是一项极具前景方向,也面临着巨大挑战。因此,在创新的同时,研究人员还必须解决以下相关问题:

(1) 收集的物联网数据质量;

(2) 物联网数据挖掘方法的有效性;

(3) 在数据隐私和遵守所有相关法律方面平衡收集的健康数据价值。

首先,健康数据的质量参差不齐,可解释性差,有时还有过时的含义。大量物联网数据的获取只会增加这些挑战。因此,数据管理将继续成为健康信息领域最具挑战性和最重要的任务之一。

考虑到这些障碍是可以克服的,现实世界健康数据越来越普遍的可用性使得临床研究中新数据分析方法的应用和创新成为可能。然而,如文献[45]所述,基于实证的医学必须谨慎行事,医疗物联网环境下的研究也必须关注数据挖掘方法的有效性。其目的是识别因果关系,避免其他挑战中的非因果关联陷阱。

最后,隐私问题正在影响医疗健康的相关研究;收集的数据越来越多,但可访问的数据比例却越来越低。医疗 IoT 应用的研究人员必须充分意识到,依赖于对健康数据的访问,可能会在研究结论中产生强烈的不必要偏见,甚至可能阻止科学的进步。然而,只有当公民相信这种分析的基本过程,并相信目标是有利的和良性的,他们才会允许对其数据进行分析。因此,需要采取方法给予所有公民必要的信心,来保证数据得到充分利用。我们的目标是为数据重用创建统一的模型,并对病人、医生和研究人员都是公平、合法、合理的。

致谢

项目"NORTE-01-0145-FEDER-000016"(NanoSTIMA)由北葡萄牙区域发展基金(the North Portugal Regional Operational ProgrammeNORTE2020)资助,由葡萄牙2020 伙伴关系协议和欧洲区域发展基金(the European Regional Development Fund,ERDF)支持。

参考文献

第 13 章

智 慧 能 源

Artemis Voulkidis[1], Theodore Zahariadis[2], Konstantinos Kalaboukas[3],
Francesca Santori[4], and Matevž Vu˘cnik[5]

1 Power Operations Limited, Swindon, UK,
2 University of Athens, Psachna, Greece
3 Singularlogic SA, Athens, Greece,
4 ASM Terni, Terni, Italy
5 Jožef Stefan Institute, Ljubljana, Slovenia

13.1 引言

不间断的高质量能源供应是社会发展的基础,同时,也为人们提供了日常生活所必需的供暖、照明、互联网等服务。一方面,尽管各相关领域都有技术上的进步,但大规模能源生产基本上仍停留在一个多世纪以前的状态,而且,棕色能源已不足以满足不断增长的能源需求。另一方面,全球可再生能源(Renewable Energy Sources, RES)、分布式能量存储(Distributed Energy Storage, DES)和分布式能量资源(Distributed Energy Resources, DER)等未来可持续能源的不断增加,可以消除传统集中式能源生产所造成的环境破坏。在这种情况下,传统电网中简单的单向供需关系已转变为多方利益相关的动态复杂结构。此外,能源消费者还可以在配电或输电网络中担当能源生产者的角色(即生产性消费者)。

这种新的生产者角色可以更有效地将本地所生产能源推回电网。尽管这种新模式提高了本地和全球电网级别的能源可用性,但也增加了电网管理的难度。经常断续的 RES 生产能源导致难以预测的频繁负载不平衡,给电网的稳定性带来了重大风险。如图 13-1 所示,在本地能源生产未耗尽情况下,上述逆向结构可能会损坏有源和无源电网部件(例如,变压器),进而导致电能质量下降、停电,以及电网利润损失。

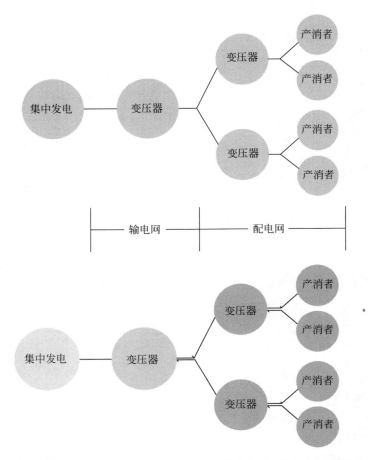

图 13-1　传统能源网(上侧)与智能电网(下侧)的简化架构(箭头表示能量的流动)

为增强电网在新环境下的性能,公共事业投资了大量电网监控技术,并大范围地采用物联网方法,形成包括智能电表(Smart Meter,SM)、相位测量单元(Phasor Measurement Unit,PMU)、智能能源设备(Intelligent Energy Device,IED)、变电站控制器协同工作的服务网格,即智能电网(Smart Grid)。该技术旨在将单向模拟系统转换为双向模拟系统,以及实现机器对机器数字通信,目前已完成了向物联网架构的过渡,并在现代通信电网中得到广泛使用。在全栈物联网技术的支持下,公共事业公司可以从变电站或生产活动中获得本地生产、消耗、压力或温度等决策信息,能够更好地管理和实现 RES、DER、能量存储、灵活性、能源使用、效率需求响应(Demand Response,DR)和网络保护。通常,由智能电表、通信和后端计量数据管理系统构成的相关服务和功能被广泛称为高级计量基础架构(Advanced Metering Infrastructure,AMI)。

本章接下来将提供 AMI 操作的详细信息,以及 AMI 即服务(AMI as a Service)

概念的形式化描述。这一概念有望采用 IoT 方法帮助公共事业激活智能电网未来发展的无限可能。

13.2　案例描述

文献[1]定义了 IoT 的 4C 基本支柱,即连接(Connect)(设备联网)、收集(Collect)(IoT 设备数据)、计算(Compute)(处理接收数据)和创建(Create)(对操纵数据洞察和增值服务)。基于上述概念的 AMI 是迈向电网现代化的基础性步骤,因为系统运营商、消费者及其负载和资源间的双向交互可以实现以下目标。

- 电网中生产性消费者(prosumers)的动机和包容性。
- 分布在生产消费者附近的能源生成和存储能力的出现。
- 联网的消费者既可以作为负载,直接响应相关信号;也可以作为负载资源,参与各类市场活动。
- 具有电能质量(Power Quality,PQ)监视能力的智能电表可以快速检测、诊断和解决电能质量(PQ)问题。
- 更加分散的运行模式可以降低电网遭受恐怖袭击的脆弱性。
- 通过中断管理系统更快速、准确地检测和定位故障,实现电网自我修复。

物联网基础设施还可以提供无处不在的分布式通信框架,可用于加速部署高级分布式运营设备和应用程序。实际上,AMI 数据可以确定性地改善资产管理和运营所需信息的粒度和及时性。目前,最先进的智能电表具有以下复杂功能。

- 有计量认证的有功和无功电能计量。
- 复杂的电价实施。
- 作为第三方市场促进者,基于配电系统运营商(DSO)或独立中央枢纽的通信进行设计(注:前者是大多数欧盟国家的市场推动者)。
- 支持专用于 AMI 数据采集的智能电表数据读取标准协议,例如,设备语言消息规范/电能计量配套规范(Device Language Message Specification/Companion Specification for Energy Metering,DLMS/COSEM)协议及相关数据模型。
- 能够按要求提供 1～10s 高报告速率的仪器测量,并可支持监控和数据采集(Supervisory Control and Data Acquisition,SCADA)功能和不同的智能电网功能。目前,此仪表数据(例如,电压、电流、有功功率、无功功率)并未充分利用,其原因包括当前使用的通信技术速度慢、所使用协议与 SCADA 不兼容等。
- 可以长期存储能量、仪表和其他数据的负载曲线(Load Profile,LP),例如,可存储时间达到一个月到几个月,这取决于所选择的 LP 记忆时间。

随着 5G 时代的到来以及边缘计算的兴起(请参阅第 3 章),通过采用完全成熟的 IoT 方法来进一步提高 AMI,以实现高级计量基础设施即服务(Advanced Metering Infrastructure as a Service,AMIaaS)。具体来讲,可以通过大量计算受限设备高速采集数据,然后将数据发送到网络/云边缘,以便将所有计算活动从本地设备端卸载到网络边缘的应用程序端(通常称为虚拟网络功能——VNF)。这样,可编程的智能电网可以不断地调整"事物"(即终端设备),以确保符合 PQ 的服务水平协议(Service Level Agreement,SLA)和电网的稳定性。

如图 13-2 所示,公共事业公司可以建立基于 AMIaaS 的交易性能源框架。其中,能源服务(如出售或购买)将是相关方(生产者、消费者、收集者、配电服务运营商、供应商)之间即时可溯源消息(请求/答复)交换的结果。通过这一动态过程,参与方可以基于微合约实现能源买卖,从而有效地构建用于实时控制智能电网中实际能量流的基础设施。

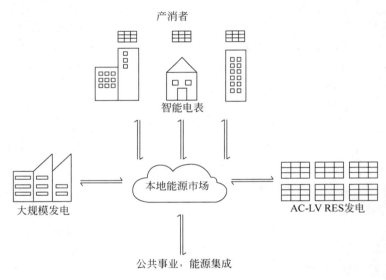

图 13-2　AMIaaS 市场框架设计

5G 在智能电网 IoT 环境中的作用

目前,AMIaaS 可以利用面向物联网的 5G 中大规模机器类和超可靠低延迟通信(MMTCs 和 uRLLCs)技术,以及支持 AMIaaS 各项需求的 VNF 定义,具有验证智能电网中分布式、可信和无锁定连续实时监控的潜力。5G-PPP 第 2 阶段项目 NRG-5 旨在展示 5G 技术如何通过适当的物联网应用来催化智能电网革命,表 13-1 所示的 VNF 对于实现 AMIaaS 概念至关重要。

表 13-1　VNF 的各项功能描述

	功　能　描　述
vMCM	虚拟机云机功能。提供现场有形资产的数字孪生服务(物理孪生对象),进而以与设备无关的方式(即通过数字孪生而不是物理对象)进行监视和管理。还可作测量值报告的本地网络缓存
vBCP	虚拟区块链处理功能。连接区块链基础设施的网关允许兼容 vBCP 服务的设备与区块链进行交互,而无须代表它们进行任何挖掘操作。使用 vAAA 作为区块链身份验证手段
vAAA	虚拟认证、授权和审计功能。VNF 可以提供认证、授权和审计服务,分为基于区块链的服务和 OAuth 2.0 服务两种模式。其中,区块链模式涉及一组可以控制用户对区块链基础设施访问的智能合约。VNF 可以同时提供两种服务模式

NRG-5 项目认为 AMIaaS 所必需的其他 VNF 包括:①负责注册网络设备和全网发布的虚拟移动性管理实体(virtual Mobility Management Entity,vMME);②无须直接访问 5G 即可实现与 IoT 设备多跳(multihop)和多协议(multiprotocol)连接的虚拟自组织网络(virtual Self-organizing Network,vSON);③负责有效处理 IoT 设备服务发现的虚拟终端服务发现(virtual Terminal Service Discovery,vTSD)。值得注意的是,上述 VNF 旨在匹配智能电网需求,但也可以支持通用的网络边缘需求,从而实现 IoT 服务在多个领域的云化,而不仅局限于能源领域。

除上述通用 VNF 之外,在各种管理数字孪生的其他功能中,虚拟相位测量单元(virtual Phasor Measurement Unit,vPMU)可以在云端计算电流相位,虚拟可再生能源(virtual Renewable Energy Source,vRES)可为 RES 设备提供数据聚合和控制服务,虚拟分布式能源存储(virtual Distributed Energy Storage,vDES)可为 DES 设备提供数据聚合和控制服务。显而易见,虚拟化可以彻底改变计算服务供应模式,并可以基于物联网技术形成智慧能源系统。

5G 技术是实现上述基于 VNF 框架的基石。实际上,上述 VNF 是通过虚拟化技术实现的,底层的 5G 通信为生产环境的使用提供验证支持,从而满足了公共事业在数字孪生实时控制方面的运行要求。

13.3　参考架构

在设计大规模服务模式时,主动评估服务的有效性和效率,确保细粒度的监视和适当的控制非常重要。在智能电网的主动监控中,其控制范围是有限的。由于能源是公共物资,不能仅对紧急情况提供协助。为此,公共事业公司基于需求侧管理模式,通过集中式市场管理电价和电力的需求。但是,本地情况很难在全局性市场中反映出来,物联网环境下的需求自动化通常是一个挑战。在微电网视角下,本地应急市场可作为应对本地发电不稳定问题的解决方案。

从架构角度考虑上述内容,为高效实现仪表盘即服务(Dashboard as a Service,

DaaS)和市场即服务（Marketplace as a Service，MaaS），可将 AMIaaS 功能划分为两个基本独立视图，其核心功能都是基于 VNF 的协调互通（特别是数据采集和身份验证），因此可以满足位置敏感需求。表 13-2 总结了 AMIaaS 的核心功能。

表 13-2　AMIaaS 核心功能概述

功　能	位　置	描　　述
数据采集	边缘	汇聚智能电表、PMUs、DES 和 RES 设备的数据
数据预测	区域	为数据采集提供预测服务
数据可视化	本地	将上述两种服务的数据可视化
身份验证	混合	验证数据提供者身份。混合位置信息来自 vAAA 实现的分布式特性
本地能源市场	本地	为公共事业公司和生产者本地安全交换可用能源（电力等）提供 MaaS 平台
公共事业漫游	混合	允许最终用户在交易前期选择公共事业等级和支持
透明账单	混合	允许公共事业安全明确地处理账单数据，从而有效地支持交易结算
紧急设备控制	边缘	允许公共事业在紧急情况下对某些 AMI 设备进行明确控制

请注意，表 13-2 中第二列"位置"具体取决于位置范围，包括"边缘""本地""区域"或"混合"。其中，"边缘"是指访问的最后一英里，"本地"是指可满足多个边缘请求的数据中心/云基础设施，"区域"指的是服务于较大区域（例如，国家或大国家/地区）的数据中心/云基础设施，"混合"是指混合部署，例如，vAAA 可能具有边缘、本地或区域特征。

图 13-3 概述了基于 NRG-5 架构的 AMIaaS 应用程序实现逻辑。

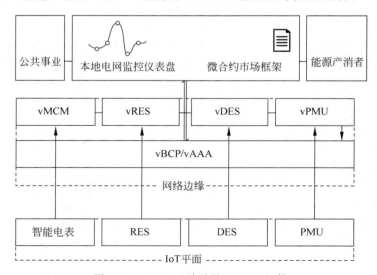

图 13-3　AMIaaS 涉及的 NRG-5 组件

在图形化快速查看电网状态的能力方面,每个公共事业 VNF 都可以直接从其物理对象或通过 vMCM 间接获得采集数据(例如,vMCM 中的智能电表、vRES 中的 RES SCADA 系统)。根据时间紧迫性和延迟容忍度,可以通过 vBCP 或不通过 vBCP 将数据集传输到区块链基础设施(区块链数据存储的详细信息和讨论,请参见文献[4]和[5])。然后,数据将被转发到具有 DaaS 功能的微服务平台,该平台由 Grafana 工具、No-SQL 时序数据库(例如,Prometheus 或 InfluxDB)等实现。

为支持大数据分析框架,在数据集成机制中提供了消息发布订阅协议总线,例如,Apache Kafka、高级消息队列协议(Advanced Message Queuing Protocol, AMQP)集群等。如图 13-4 所示,DaaS 的技术实现中,AMIaaS 提供者可以是 vMCM 或 vAAA。此外,可以将 API 服务器、PubSub 总线和时序数据库配置为相关服务的集群(例如,Kafka 集群或 DB 分片),以增强可用性和安全性。

图 13-4　AMIaaS 本地电网监控仪表盘技术概述

AMIaaS 提供的 Marketplace 工作流程较为复杂,在核心市场运营以及发布新能源报价过程中,基于 AMIaaS 仪表盘数据,公共事业参与者可以为潜在最终用户发起相应的价格设定需求响应。如图 13-5 所示,在经过身份验证/授权后,可以获得区块链中的潜在客户列表,然后将新报价发布到 vBCP。vBCP 将注册信息通知市场组件,并通知相关的最终用户。

如图 13-6 所示,最终用户收到相关通知后,触发 vBCP 以获取可用报价列表,在区块链中将选中报价注册为微合约。注册后,vBCP 将相关微合同信息通知公共事业参与者。

如图 13-7 所示,尽管 AMIaaS 市场的工作流程比仪表盘复杂,但其技术框架非常简单。

除了核心应急市场运营(即平衡电网能源的供应与竞价)外,AMIaaS 还通过集成区块链(见第 10 章)实现公共事业漫游等新颖功能。简而言之,通过网络边缘的 vBCP 操作,所有计量设备能够将计量信息永久存储在区块链中,以保证数据完整性和不可否认性(关于区块链以及 IoT 视角下数据持久性的技术细节请参阅文献[10])。此外,结合 vAAA 和 VNF 的区块链身份管理服务,可以定义一个支持用户协商市场电价,以及相关公共事业的框架。由于计量数据存储在区块链中,每个公共事业仅需考虑生产性消费者签订合同的时期独立实施计费过程。这样,计费过程的透明性可以保证市场在锁定的自由环境中运行,生产性消费者可以近乎

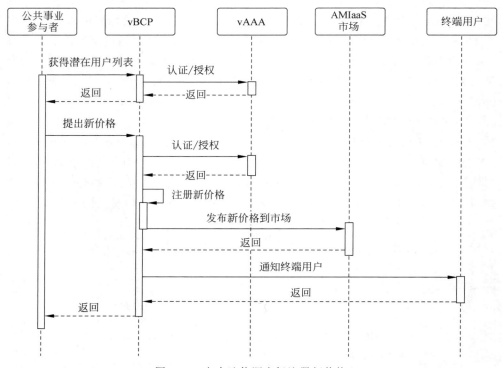

图 13-5　向本地能源市场注册新价格

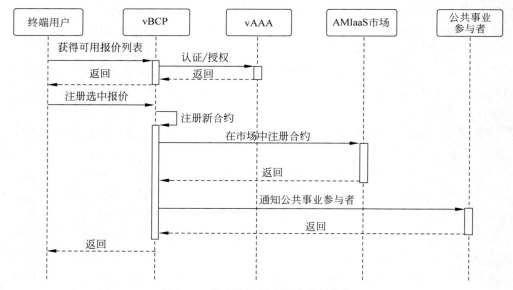

图 13-6　为本地能源市场选择新价格

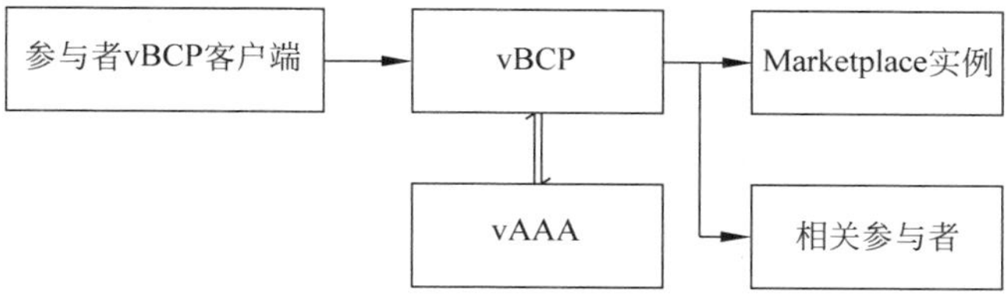

图 13-7　AMIaaS 本地能源市场技术概述

实时地自由选择其合伙伙伴。最后,通过物联网设备与区块链智能合约的交互可以实现相关市场流程(能源交易、投标或公用事业漫游)的完全自动化。同时,可以将 AMIaaS 概念应用于其他基于 IoT、区块链的公共事业管理领域,例如,天然气、水和电信等。

13.4　用例验证

多年来,基于 AMI 的智能电网运营模式已经得到广泛认可,大量领域对其优势进行了相关试验评估。文献[11]中讨论了 12 个 AMI 大规模试验部署案例,评估了 AMI 在改善客户服务、降低运营成本和更好地管理电费方面的好处,从而实现了市场驱动的需求侧管理。相关研究表明,AMI 可以降低计量和计费成本(主要是优化长期遗留的各种运营问题),获得客户电力消耗方面的细粒度控制,降低资本支出(由于高峰需求减少和资源利用率提高),以及降低停电成本并加快供电恢复。

尽管已在各种条件下对 AMI 进行了大规模测试,但 AMIaaS 概念尚未得到明确验证。文献[3]在意大利特尔尼市进行了一次真实的小规模试验,以测试 AMIaaS 对小型能源微电网管理的影响,其中,10 个实时智能电表(每间隔 1 分钟报告一次数据,而不是间隔标准的 15 分钟)通过相关的硬件扩展配备了高级控制和监视功能(有关详细信息和讨论请参见文献[12]和[13]),例如,不可物理复制功能、低成本的 PMU,以及电能质量分析等。相关评估结果发布于 2019 年第四季度。

基于 AMI 的连续电能质量评估系统

人们分别在两个场景下对 AMIaaS 概念实现进行了验证。一方面,JSI 园区的部署旨在监视电能质量,控制个人负载以及评估办公室和数据中心的能源管理策略。其目的是量化和最小化待机功耗,测量个人能源轨迹,以及研究个人活动检测的方法,尤其是与非侵入式负载监控和能量分配有关的方法。

另一方面,数据中心的部署旨在评估单个设备的电能使用效率(Power Usage Effectivenes,PUE),检查特定任务 CPU 负载和/或计算平台类型的加权 PUE 措施,并以商用现货(Commercial off-the-shelf,COTS)电力计量解决方案为基准。

验证系统具有四个基本组件：

（1）测量设备，即功率测量和控制（Power Measurement and Control，PMC）；

（2）消息队列遥测传输（Message Queue Telemetry Transport，MQTT）发布/订阅消息系统（Mosquitto）；

（3）用于采集和汇聚的时序数据库（InfluxDB）；

（4）数据分析和监视平台（Grafana）。

图 13-8 描述了图 13-4 中 AMIaaS 体系架构的实现。其中，AMI 通过 MQTT 将数据推送到服务器 MQTT 代理，该 MQTT/HTTP 代理可以订阅 MQTT 数据，并通过 HTTP 推送到时序数据库 InfluxDB。最终，数据在 Grafana 仪表盘中进行可视化。

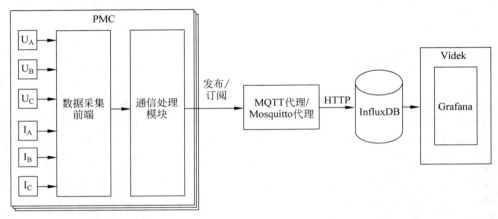

图 13-8　基于 PMC 的 AMIaaS 架构的本地数据中心电能质量监控

如图 13-9 所示，AMI 由标准尺寸服务器机架中的 3 个独立 PMC 设备组成，每个 PMC 是三相电流和电压测量设备，每个机架有 9 个测量通道。PMC 设备的电能质量测量能力和参数为：

• 电压 RMS(V)；

• 电流 RMS；

• 相角 $V\text{-}I(°)$；

• 频率（Hz）；

图 13-9　服务器机架底部为 AMI(左)和 AMI 特写(右)

- 电压 THD+N(%);
- 电流 THD+N(%);
- 有功功率(kW);
- 无功功率(kvar);
- 视在功率(V·A);
- 功率因子(无计量单位);
- 有功基本功率(W);
- 有功谐波功率(W);
- 正向有功电能(W·h);
- 反向有功电能(W·h);
- 正向无功电能(var·h);
- 反向无功电能(var·h);
- 视在能量(W·h);
- 实测温度(℃)。

在 PMC 上运行的应用程序每秒从串口读取测量值两次,并通过 MQTT 协议将 JSON 格式消息推送到服务器,代理应用程序通过标准 HTTP 协议将该消息转发到 InfluxDB。由于服务器上可能有多个订阅代理服务,每个代理服务都可以将数据转发到不同的应用程序,因此,这种发布/订阅协议使系统可以灵活发送测量值。通过这种方式,早期的 AMIaaS 端到端原型中已实现了数据流水线与分析间的分离。

消息格式的示例如下:

```
{
    measurement: pmc_data,
    tags: { host: machine_id },
    fields: data_array,
    timestamp: 2018-08-29T13:06:56.611Z
}
```

所有 PMC 数据都被推送到同一时序数据库,并通过数据流的主机 ID 标记进行区分。其中,字段 fields 是包含所有测量点的 JSON 数组,同时,每个测量批次都有时间标记。

在 InfluxDB 之上,安装在 Videk 服务器上的 Grafana 可用于监视和管理 PMC 节点。其中,Grafana 是用于时序数据分析的强大平台,支持 InfluxDB 数据源和数据流的图形化查询操作。如图 13-10 所示,Grafana 可以将之前描述的系统组件进行统一可视化展示。

图 13-10 展示的是 ID 为 16700204541000610088088a000a0000045 的设备第一采集阶段有功功率的 InfluxDB 查询结果。这些设备在数据中心服务器中测量电能质量参数,其平均有功功率约为 700W。不同的电能质量测量结果具有不同的图表,即功率因子。

图 13-10　有功功率和查询结果

如图 13-11 所示，当所有消耗功率几乎都是真实功率时，功率因子约为 1，而服务器电源几乎没有无功功率。可以看出，查询结果图形的绘制就像在图形用户界面(GUI)中更改选择字段一样简单。此外，可以将多个参数绘制于同一个图形中，以更加明显地显示异常数据情况。

图 13-11　功率因子图和查询结果

13.5 总结

高级计量基础设施（AMI）为从传统电网过渡到智能电网铺平了道路。同时，大规模部署的物联网设备得到了 5G 通信技术的适当支持，这为智能电网（即使在高 RES 渗透场景下）的可管理性以及实现连续监控和服务自动化带来了巨大机遇。将云虚拟化的概念扩展到网络边缘，并深度集成数字孪生和区块链技术，可以推动 AMIaaS 框架的落地，进而实现智能电网的实时监控、本地能源交易、本地市场催化、按需创建和配置等功能。一些全球性的试验已经展示了 AMI 方法的优点。此外，由 EC 资助的 5G-PPP 第二阶段项目 NRG-5 将在实际试验环境中评估 AMIaaS 概念。

致谢

本文工作得到了 5G 公共隐私伙伴关系（the 5G Public Private Partnership，5G-PPP）框架和 EC 资助项目 H2020 ICT-762013 NRG-5 的支持（http://www.nrg5.eu）。

参考文献

第 14 章

道路运输和空气质量

Charles Carter[1] *and Chris Rushton*[2]

1 Smart Cities Journalist ,UK
2 Connected Places Catapult ,UK

14.1 引言

交通涉及生活的方方面面,无论上班、下班、访友、就医,还是货物、材料、机器的运输,交通运输不断驱动着社会的发展。人们所有的户外活动都与交通运输系统密切相关。如果没有交通运输,就不可能出现人们目前创造的建筑、产品和机器。同时,所有事情不可能都在同一个地方发生——由于世界是分布式的,只有通过运输才能完成国内和国际贸易。因此,随着创新的发展,交通运输的性质也在变化,而且,交通运输让万物联系得越来越紧密。

如今,物联网已经涉及交通运输系统的许多领域,并不断形成更加智能、最优化、以用户为中心的网络。随着交通运输复杂性和集成性的不断增加,其影响力也与日俱增。如之前章节所述,物联网能够利用大范围覆盖的传感器迅速收集信息,这与交通运输的时空属性极为一致。

交通运输系统涉及六大支柱:支柱 1——正在移动的人或物;支柱 2——促使人和物移动的人,比如劳动力;支柱 3——交通工具(汽车、飞机、火车等);支柱 4——物理基础设施;支柱 5——软件和数据基础设施;支柱 6——制度框架。上述六大支柱共同促进了人和物的移动,并形成了交通运输系统。这个系统对社会和环境具有双面性(例如,环境污染);社会和环境也同样对这个系统有利有弊(例如,天气)。交通传输系统的构建方式如图 14-1 所示,即交通运输"神庙"架构,对交通运输、科学技术、创意有热情的人们无比"崇拜"这个庙宇。

现在,无线网络设备与移动的人和物、运输劳动力、交通工具和物理基础设施联系紧密,例如支柱 1～4。这些设备通过数据化或感知周围环境,将物理世界转

图 14-1　交通运输系统模型

换成数字信息,构建了数字基础设施。数据共享于设备间的无线网络,横跨支柱1~4。设备或云端的软件和算法为乘客和运力数据挖掘提供决策支持,并实现某些场景的自动化处理。这也为改善交通运输体验、运维方式提供了机会。

全球交通运输的制度框架正在追赶物联网使能的新型数字化范式的发展节奏。在某些情况下,这阻碍了交通创新,至少在获得了巨大吸引力后有所削弱。现在,出现了允许企业家和创业家可以测试物联网新想法的零监管"沙坑"平台(即Zero-Regulation "Sandpits")。同时,一批融合技术、创新和制度为一体新兴"RegTech"计划已经开始,其目的是利用实时数据共享、区块链、机器人和人工智能等其他新兴技术(详见第 3~10 章)来构建更加灵活、有益的制度框架和机制。

2017 年世界银行发起了一项战略性倡议——万物可持续移动(Sustainable Mobility for All,SUM4A),旨在统一和转变全球运输行业。这项倡议与联合国2015 年的可持续发展目标(Sustainable Development Goal,SDG)直接相关。SUM4A 倡议的目标是效率、安全、绿色移动和泛在接入。如今,物联网有助于解决全球参与者面临的交通运输挑战。

通过部署物联网技术可以提高效率,例如,为交通参与者提供实时可用的停车位信息,并以更少的时间找到空闲车位。路面传感器或具有计算机视觉智能的CCTV 系统(详见第 4 章)可以识别空间是否被占用,并通过移动设备和路侧大屏显示相关信息。地面设施可以通过传感器实时监控喷气式发动机的性能,以制订预防性和预测性的维护计划,降低对旅客和航班的干扰和延误。

物联网加强了交通运输系统的安全性,例如,使用传感器实时检测铁路基础设施。以前由于成本原因,无法获得路堤、桥梁和轨道等资产的连续状态信息,而现在,在可能出现故障时,利用物联网可以采取预防性和预测性维护或其他措施,这能防止事故和相关伤亡事件的发生。通过远程监控公交车司机的行为可以改善乘客、司机和其他交通参与者的安全性,同时,车队管理人员可以利用这种方式促进更安全的驾驶模式。

物联网正在以创新的方式实现泛在接入,例如,为站台候车乘客提供实时检测和共享火车座位使用情况。乘客可以在人员少、就近的车厢候车,以加快上下车速度、降低时延,尤其可以改善行动不便、焦虑用户的乘车体验。物联网驱动的"需求-响应"型迷你公交也有助于提高偏远社区的交通服务。

物联网推动绿色出行的发展,例如,全球许多城市可以提供共享式资产(共享单车、共享电动滑板车)的实时位置和可用性信息。这既提高了用户体验,也促进了乘客数量的提高。联网的移动上锁系统可以提供一种可扩展、低基础设施需求的使用方式,方便用户通过手机获得共享单车和电子滑板车的相关服务。

物联网也有助于解决绿色出行的空气污染问题,这也是本章节后续部分重点关注的内容。

14.2　空气污染挑战

据世界卫生组织(World Health Organization,WHO)统计,每年全球约有 420 万人死于室外空气污染,并给更多人带来了健康问题。这造成了 3 万亿美元的全球社会成本,预计每年的死亡人数到 2060 年将上升至 600 万～900 万人,相应的成本将达到 18 万亿～25 万亿美元。对于经济合作与发展组织(Organization for Economic Co-operation and Development,OECD)的 38 个成员国来说,室外空气污染总量的一半很有可能是由交通运输造成的。

目前没有足够数据来估计经济合作组织以外国家(包括印度和中国)交通运输相关成本所占的份额,这些国家本身都存在与运输有关的空气质量问题。然而,即使公路运输的成本不到一半,这仍然是一个重大的全球性挑战。如果全球所有空气污染相关死亡的半数(这个数字是 210 万)由道路交通污染造成,这几乎是每年死于道路交通意外人数——125 万的两倍。可以说,空气污染是当今交通运输面临的最大问题。

目前全球在用的 13 亿辆石油燃料动力交通工具排放污染性气体和颗粒物质。当人们暴露在这些有毒物质面前时,会导致过早死亡和健康问题。与空气污染有关的主要疾病包括心脏病、中风和肺癌。影响公众健康的主要路边污染物是颗粒物(Particulate Matter,PM)、臭氧(O_3)和二氧化氮(NO_2)。其他污染物包括一氧化碳(CO)、碳氢化合物(HC)和其他氮氧化物(NO_x)。在城市等地理区域内,污染物的排放量取决于车队组合(交通工具类型、发动机类型、燃料类型)、每辆车/发动机/各类车辆的行驶里程、速度、加速度、制动、停止和启动以及怠速(即挂空挡)情况。

一般来说,为简化非常复杂的问题,以较低速(低于 30km/h)或高速(约 85km/h)行驶的汽油或柴油车辆会产生最高水平的污染物排放。加速和转速较高时,如起步时,也会产生比匀速行驶更多的 CO 废气排放,怠速和低速行驶也是如此。急刹车会产生更多来自轮胎和制动器磨损的非尾气 PM 排放,而猛烈加速也会产生更多来自轮胎磨损的 PM 排放。除高速外,所有上述因素都会在不断"停-启"的交通堵塞情况下大量出现。

图 14-2 展示了平均车速对柴油车氮化物排放的影响。各种曲线对应于 1992~2014 年的不同欧盟排放标准,即欧洲标准 1~6。欧盟以外的其他国家也采用了欧盟标准,包括新加坡。从所有曲线可以看出,交通拥堵与低速行驶有关,也与高氮化物排放有关。平均速度排放计算与大多数现代交通运输建模方法(例如,SATURN 建模软件)相兼容,但并不模拟单个车辆速度。然而,这种方法往往无法捕捉到真实世界驾驶环境的特性。

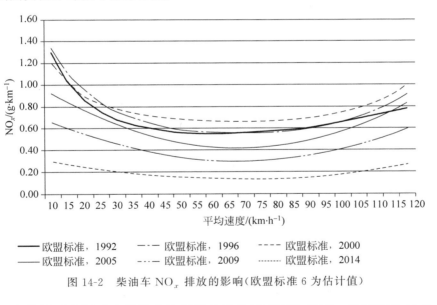

图 14-2　柴油车 NO_x 排放的影响(欧盟标准 6 为估计值)

尾气排放对车辆动力的需求比单纯的平均速度更为敏感。快速变化的电力需求会导致交通拥堵路段、交叉口或交通管制地域周边的排放量激增。当车辆在交通拥挤的情况下空转或连续停车和启动时,由于(燃料)不充分燃烧和催化剂操作效率低下,一氧化碳污染物排放量会不成比例地大幅增加。图 14-3 显示了空气/燃料比(λ)与 NO_x、CO 和碳氢化合物(HC)排放之间的关系。当有足够的空气实现完全燃烧($HC+O_2=CO_2+H_2O$)时,λ 为 1 或理论配比。富氧燃烧发生在燃料比可用氧气多的情况下,并发生在动态驾驶、怠速和起动过程中。由于没有足够的

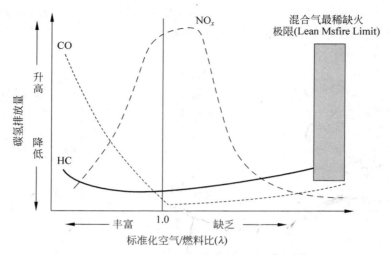

图 14-3   空气燃料比对碳氢排放量的影响①

氧气让每个碳原子配有两个氧原子,因此富氧运转会导致更高的一氧化碳排放。

有新证据表明,车辆内的平均污染物水平高于车外的空气污染。因此,汽车司机和乘客可能比行人和骑自行车的人吸入更多被污染的空气。

14.3   降低道路交通空气污染策略

物联网可以帮助交通管理部门对道路交通空气污染带来的挑战提供解决方案,其作用因所采取的措施和解决方案而异。有些是基础性的,有些则改善了在无物联网支持下也能实现的解决方案。

减少道路交通空气污染的短期方法主要是通过绿色模式转换、车辆限行、远程办公和出行链优化来减少汽车的使用;使车辆更清洁(例如,改进空气过滤和电动汽车(Electric Vehicle,EV));优化驾驶员和车辆性能;减少交通拥挤;平缓交通流;减少暴露(例如,使行人远离交通拥挤的地方,反之亦然)。长期措施包括更好的城市规划。

减少车辆使用对降低人类暴露在道路交通空气污染的影响最大。众所周知,将乘客从污染严重的私人矿物燃料汽车转移到电动汽车、自行车或公共汽车上是非常困难的。然而,物联网正在通过改善用户体验来帮助实现这一转变。例如,向乘客提供预计到站公共汽车的实时信息系统已经在许多城市部署了十多年,其覆盖范围正在不断扩大。连接在数据总线上的设备将车辆位置和公交路线传送到中央服务器,然后,实时信息系统计算出沿途每个公共汽车站的预计到达时间,并通过公共汽车站显示屏和移动电话发布相关信息。

---

①   译者注:原著图 14-3 中,"Msfire"拼写错误,应为"Misfire"。

总的来说,近几十年来,汽车尾气排放量逐渐减少。然而,柴油发动机代表了一种相反趋势,尽管其燃油效率更高,但排放的污染物也更多。零排放电动汽车的增长可以继续减少空气污染,但电动汽车在全球汽车库存的普及率约为 0.3%,电动汽车的普及仍有很长的路要走。来自路边传感器的实时交通和天气信息有助于提高电动汽车行驶里程预测的准确性,并减少用户焦虑,促进电动汽车的推广;关于充电点位置和可用性的实时信息也为提升用户体验发挥了重要作用。如英国的 Spark 公司可以利用物联网实现智能区域范围信息预测。

"生态驾驶"方法可将油耗降低 15%,包括避免不必要的加速和制动、提前换挡以降低转速、以合理的速度行驶等。部署在车队(如公交车队)上的连接设备可实时传输驾驶员行为信息,以便管理人员在司机驾驶方式产生过量排放时通知驾驶员。驾驶员行为习惯数据也可以传递给所有驾驶员,并通过领导委员会和游戏化激励机制促进相关改进。

物联网可以通过两种基本方式解决道路交通空气污染:(1)通过先进的交通管理系统,促进形成顺畅不拥堵的交通流路网;(2)通过实时远程监控和现场记录各种污染物的浓度。

从远程空气污染传感器数据中获得的分析结果有助于更好地了解空气污染及其与运输系统的复杂关系,可以通过收集样本确定问题的规模,建立趋势跟踪和预测模型,以及衡量干预措施的影响。这是减少人类暴露于道路交通空气污染的重要措施和相关政策制定的关键所在。此外,交通管理系统可以基于实时空气质量数据优化网络部署。

14.4 利用物联网技术监测空气污染

全球环境空气质量监测系统在 2017 年的市场价值为 40.7 亿美元,到 2025 年底将达到 76.9 亿美元,2018—2025 年的复合年增长率(Compounded Average Growth Rate,CAGR)为 8.3%。空气污染是一个普遍存在的重大问题,因此,相关领域正在以创新的方式应对这一挑战。

目前市面上存在许多不同类型的空气污染监测传感器,其尺寸从花园小屋大小到钥匙圈大小不等,价格也从几十万英镑到几百英镑不等,既可以部署在离路边 1m 以内的低处,也可以位于距离呼吸高度 1~5m 的道路,或者部署于更远的地方,以便测量不受单一污染源控制的背景污染。

有专门用于测量特定污染物(如 PM10)或支持测量多种污染物(如 NO、O_3 和 CO)的传感器。同时,不同检测技术适用于不同设备,如光学或基于过滤器的颗粒物重量分析方法,以及用于气体的金属氧化物半导体(Metal Oxide Semiconductor,MOS)或电化学(Electrochemical,EC)方法。

在过去五年中,廉价传感器变得越来越小巧、便携。这意味着,有时通过将这些传感器组从一个走廊移动到另一个走廊,就可以更精确地了解整个城市的空气污染情况。在过去的几十年里,大型连续空气质量监测站的成本高得让人望而却步,烦琐不堪,这意味着只能对少数固定地点进行监测。

最近,出现了一种可以夹在包或腰带上的个人空气污染监测传感器,通过与手机的通信发布当前污染物暴露情况,并可以对其他用户共享的历史记录进行保存,进而避免用户进入空气污染严重的交通路线。同时,传感器也可用于测量车内污染物浓度和车外空气质量。

新型低成本便携传感器转型的关键障碍是缺乏现实世界中公正全面的基准测试。相关基准测试有助于保证所生成数据的准确性和完整性,因此,对基于生成数据的决策支持也很重要。

目前部署的大多数空气质量传感器通过移动互联网或其他主要无线通信标准(如 LoRa)实时或定期地传输数据,然后通过 Wi-Fi、光缆或移动互联网将数据从 LoRa 基站传输到互联网。第 1 章也讨论了其他合适的通信技术,这些数据通常可以利用 Web 的门户进行远程访问。

纽卡斯尔城市天文台是应用实时空气质量物联网传感器部署大规模分布式网络的典型案例。该大型网络包含 500 多个用于测量从空气质量(使用 90 个传感器)、噪声到天气和人员移动等参数的物联网传感器。从 2016 年开始,这项为期六年的计划由英国企业、研究人员和公民科学家共同努力制订,形成了可以通过 API 获得的最大的公开可用的实时城市数据集。

迄今为止,在全市范围内全面部署无线空气质量传感器网络的另一个例子是芬兰赫尔辛基的空气质量试验台。

2017 年该平台部署了 18 个低成本太阳能空气污染探测器,以补充现有的 11 个连续监测站。这项新举措的既定目标之一是通过更好的空气质量预测、警报和交通管理系统的决策支持来改善市民的生活质量。城市实时空气质量地图已与地铁和铁路等轨道交通服务融合显示,以帮助用户确定出行路线。目前,尚未对这些措施的影响进行分析。其系统架构如图 14-4 所示。

通过 2015 年推出的 AirVisual 网站及其应用程序,可以访问全球最大的实时空气质量传感器信息数据库(超过 10000 个传感器)。通过与公共机构和个人安装维护的传感器相连,该数据库已成为不断发展的社区的一部分。机器学习方法用于融合天气和卫星等传感器信息,并已生成本地空气质量预报。此外,机器学习模型可以在没有传感器的地区预测空气质量。AirVisual 正在帮助提升空气质量,并尝试为市民提供便民信息,用以规划行程和活动。如果没有物联网技术,这项服务就不可能实现。然而,还需要对传感器信息和机器学习模型预测的准确性进行独立评估,以提高信息的可信度。

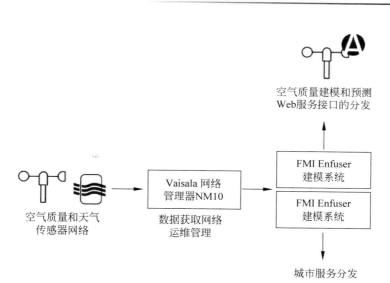

图 14-4 赫尔辛基空气质量试验台系统架构

14.5 案例：利用基于物联网的先进交通管理系统实现减排

正如已经讨论过的内容，降低交通拥堵和畅通交通流量可以减少空气污染，同时，减少与拥堵相关的"停止-启动"和怠速等驾驶行为有利于降低燃油消耗，从而降低 CO 和其他污染物的排放。

自 20 世纪 80 年代以来，交通管理系统已在全球范围内部署，可以根据交通状况实时调整交叉路口网络的信号灯配时，即通过协调多个交叉路口资源，可以减少交通拥堵、畅通交通流量、增加通行能力。与固定信号灯配时相比，该系统可以平均减少 12％的交通延迟。

早期的交通管理系统通过敷设在路面下的金属电缆感应线圈与信号灯相连，收集路口的交通信息。然后，这些信号将交通流量信息传送给远程的交通控制软件，并针对当时的交通状况优化信号灯所需的最佳信号定时。

根据定义，在 IoT 一词诞生之前，协调和自适应交通信号控制是一种物联网解决方案。如今，越来越多的系统已转向基于 IP 的通信和云服务模式。尽管一些系统仍然使用硬连线检测回路，但低成本物联网技术的发展意味着大量系统正在被无线、遥感技术取代。自适应城市交通控制（Urban Traffic Control，UTC）系统的示例包括 SCOOT（英国）、SCATS（澳大利亚）、UTMS（日本）和 OPAC（美国）。SCOOT 在所有 UTC 系统中部署最多，已在全球 250 个城镇使用。

部署于路边（不是车道上）的远程检测技术，具有安装和道路维护（即挖掘道路和关闭车道）成本时的较低的优势，可以减少交通参与者的时间延误。

此外，通过物联网可以更全面地了解整个路网的实时交通状况，而不仅仅是交叉路口的情况。现在，可以从网络上安装的自动车牌识别（Automatic Number Plate Recognition，ANPR）摄像头以及道路使用者携带的移动设备（如卫星导航系统、智能手机和 GPS 跟踪器）收集城市范围内的数据。

运营商可以使用全网智能来触发定制的信号协调算法或"策略"。在特定情况下，可以在出现情况时迅速部署最有效的减少拥堵的策略，例如，在自动化程度高的地方，交通事故发生时，将封闭车道，这个过程几乎是瞬间完成的。

移动和固定互联网，以及路边的远程控制可变信息标志（Variable Message Sign，VMS）也可以向道路使用者反馈信息。当获得实时网络信息时，用户可以做出更明智的路线选择，例如当行程时间增加或发生事故时转向不同的道路。这降低了交通拥堵，进一步畅通了交通，进而减少空气污染。

物联网改善了交通信号控制技术，为网络运营商改善交通系统创造了新的途径。新加坡的智能交通系统（Intelligent Transport System，ITS）是世界上最先进的系统之一，开创了使用物联网来增强运营的先河。新加坡是世界上交通最拥挤的主要城市之一，平均车速为 29km/h。该系统使用 80 个基于雷达的定点和移动传感器来监测网络实时车速和流量。这些传感器使用移动互联网或广域网（Wide Area Network，WAN）进行无线通信，将数据发送到中央智能交通系统控制中心。不同的检测技术可以用于其他系统，如声学、磁和计算机视觉。

在新加坡 28000 辆出租车上安装了 GPS 设备，以获取实时位置、速度和行程时间信息。这类数据在业内被称为"浮动车辆数据"或"探测车辆数据"。其他智能交通系统可能通过谷歌、TomTom、Garmin 手表、道路用户的智能手机和卫星导航系统，或商业车队管理系统收集的数据来访问此类数据。然而，由于成本相对较高且缺乏资源，特别是数据采集所需的业务预算，运输管理部分很少使用浮动车辆数据，而部署传感器所需的资本预算则更容易获得。

还可以采用其他物联网解决方案从道路网络收集实时行程时间信息。它们按照日期戳，基于固定点识别车辆。通过将同一车辆从一个点匹配到另一个点计算这些点之间的行程时间。这类解决方案包括 ANPR、蓝牙探测器，以及在合法情况下将其用于运输目的、移动电话信号扫描。

浮动车辆数据的好处是不需要路边基础设施，从而降低了成本，消除了与安装和维护相关的交通中断和健康安全风险。以新加坡为例，出租车公司已经在其所有车队上安装了 GPS 跟踪系统，用于商业车队管理。政府通过与这些公司达成一致，获得了对这些数据的访问权，并利用现有解决方案实现其他目的。

新加坡有1600个无线闭路电视摄像头,采用图像处理技术提醒交通管理人员关注交通拥堵和事故。停车场占用系统检测每个停车场的客满程度,并通过路边显示屏和智能手机应用程序发布这些信息。新加坡还部署了一个电子道路收费系统(Electronic Road Pricing,ERP),该系统有77个路标架,可以检测每辆从其下面经过车辆的磁卡,以便向某些道路使用者收费。价格根据当时道路的拥挤程度而变化,这有助于将需求发布到整个网络,从而降低拥堵程度。

交通控制算法利用这种对路网状况的全面实时感知,协调2200组红绿灯,优化交通流量,减少拥堵和空气污染。

通过卫星导航、智能手机应用程序、无线电广播和路边的车辆监控系统,算法将实时网络信息和交通建议传达给道路使用者,因此,他们可以优先选择不太拥挤的路线,从而进一步优化可用网络容量,并畅通交通流量。新加坡的智能交通系统的抽象架构如图14-5所示。

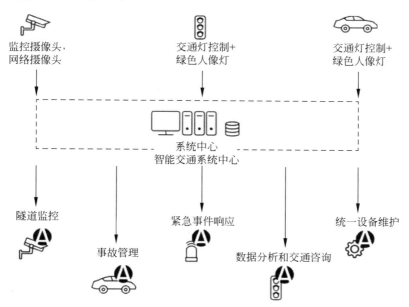

图 14-5　新加坡智能交通系统的抽象架构

在其他地方,应用最广泛的自适应和协调信号控制软件是UTC SCOOT,它由英国的TRL公司开发,在全球共有250个部署。此外,英国政府和行业制定了一个标准框架和数据规范,将自适应信号控制与来自物联网技术和物联网信息传播渠道的实时数据馈送相结合。它被称为城市交通管理与控制(Urban Traffic Management and Control,UTMC)公共数据库。图14-6显示了一个来自英国赫特福德郡议会的UTMC系统的抽象架构。

2003年和2014年,新加坡主干道的平均速度分别为24.3km/h和28.9km/h,增长了约20%。在缓解交通拥堵的同时,日均交通流量从244000辆增加到

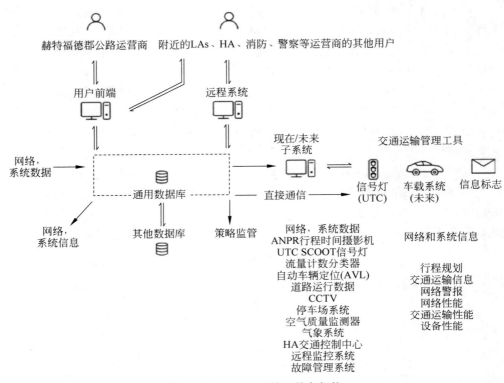

图 14-6 UTMC 系统的抽象架构

300400 辆,增幅约为 20%。但没有关于交通拥堵缓解与相对应交通污染减少的公开分析。然而,可以从图 14-2、图 14-3,以及其他本地化研究和所有先进交通管理部署的一般结果中推断出对排放的影响。

美国运输部发现,支持个人车辆服务的综合智能交通系统可以减少 15% 的碳排放量——这一见解源自其全球部署的智能交通系统数据库。碳排放量是大多数其他污染物排放量的近似代表。其他基于通过智能交通系统部署建模预测车辆排放量的学术研究报告称,使用自适应信号控制可将排放量减少 40%。

1993 年,多伦多 75 个交叉路口的一个 SCOOT 示范项目显示,与现有固定时间计划相比,车辆延误平均减少 14%,燃油消耗减少 5.7%,碳氢化合物排放减少 3.7%,一氧化碳减少 5%。

洛杉矶的自适应交通控制系统可以减少 20%~30% 的车辆停靠点。2013 年的一项分析报告显示,澳大利亚悉尼协调自适应交通系统(Australia's Sydney Coordinated Adaptive Traffic System,SCATS)中,交通站点的行驶时间减少了 28%——这相当于 PM10 预计排放量减少 15%,氮氧化物排放减少 13%。对英国五个城市的五个 SCOOT 系统进行的成本效益研究发现,五年期间的效益成本比为 7.6。

2011 年,纽约州的一项研究发现,通过互联网向道路使用者传播的实时交通信息可减少 2% 的氮氧化物和 35% 的一氧化碳。这是由于旅行者在开始旅程之前,根据对拥挤地区的了解改变了路线或旅行时间。

荷兰和德国发现,通过车辆监控系统、移动设备和其他渠道为驾驶员提供动态路线规划,可以将系统的整体性能提高 5%,在特定的路线上可以提高 40%。一项对杜塞尔多夫市中心动态改道影响的模拟分析发现,通过动态改道,出行时间可以减少 23%。

从 2014 年开始,旧金山的一项研究发现,向驾驶员发送实时停车信息可减少 43% 的停车位搜索时间和 30% 的二氧化碳排放量。

车辆监控系统对道路网络的影响很少得到衡量。20 世纪 90 年代末的一项研究发现,伦敦、比雷埃夫斯、南安普敦和都灵的 VMS 系统成功地将平均 11% 的驾驶员分流到不太拥挤的路线上。

在比雷埃夫斯,旅行时间相应减少了 16%,同时并未发现这影响了环境。2001 年的另一项研究调查了中国台湾司机,发现大多数司机只有在车辆监控系统上显示定量信息时才会改变路线,例如通过物联网设备收集的行程时间或延迟分钟数。如果信息是定性的,那么很少司机会改变路线。

在韩国,人们发现智能交通系统服务将平均交通速度提高了 15%~20%。

尽管一些证据表明物联网驱动的交通管理解决方案有助于减少车辆排放,但基于现场测量的证据却很少。在减排的情况下,一直通过将测量到的拥堵减少量输入到建模软件中来进行估计。

此外,还缺乏直接衡量物联网解决方案带来拥堵的最新影响研究。有大量的研究通过模拟来预测智能交通系统解决方案带来的交通流量变化,以及相关效益(包括空气质量)。然而,有一种风险是,将模型一个个堆叠在一起会使不准确的情况更加复杂,并使我们远离现实。而且,很难将优势归因于特定物联网解决方案,例如,更广泛的网络智能和对司机的信息传播。这是由于交通系统的复杂性、缺乏足够精确的数据、在同一时期部署了多种解决方案以及交通流量增加的背景使得前后数据进行比较变得困难。然而,世界各地的交通管理部门和道路使用者都提供了大量的定性证据,证明了这一点。

14.6　平均速度空气质量模型的局限性

如前所述,交通方案对空气质量的影响分析主要是利用宏观模拟软件输出的平均路段速度和一般排放曲线。使用的排放率(通常以 g/km 或 g/h 为单位)是平均速度的函数。排放因子工具包(Emission Factor Toolkit,EFT)等软件包是免费提供的,并在商业咨询行业广泛用于评估和环境影响分析。高速网络上的驾驶员行为相对统一,但在城市空间中,驾驶员、车辆之间的行为差异,以及处理后排放量的解决方案之间的差异可能非常显著。

大部分排放物是在发动机高负荷时产生的,例如从催化转化器系统效率较低的接合处起步。这一特征意味着,应谨慎处理在城市环境或长度小于 2km 的路段上使用平均速度分析生成的排放模型。

另一个限制是,平均速度排放是按路段分配的,而没有考虑道路上的任何特征,如减速带、交通控制或交叉口。如果不考虑这些驾驶员行为变化的实例,不仅意味着排放率可能被低估,而且模型可能会将排放物放置于错误的地理位置。一个将错误的排放率放在错误位置的模型使得设计有效的干预措施非常困难,但是随着建模技术的发展,解决问题时有了更多的选择。

关注这些特质的、更复杂的模型已经被开发出来,比如 Tugraz 大学的研究人员开发了乘客和重负荷排放模型(Passenger and Heavy Duty Emissions Model,PHEM)。然而,运行模型所需的数据需求、技术资源和技能并不像 EFT-esque 方法那样广泛可用、被认可或商业上可行。使用 PHEM 进行建模要求每辆车的速度的时间分辨率为 1Hz,例如,以一种可识别的格式呈现浮动车辆数据。这些都是非同小可的挑战。PHEM 中使用的方法已通过固定在移动车辆上的便携式排放测量系统(Portable Emissions Measurement System,PEMS)成功验证。

由于前面讨论过的原因,到目前为止,运输管理部门很难获得浮动车辆数据。然而,随着低成本物联网技术的不断发展,以及许多鼓励更大程度数据共享的倡议正在进行,这种情况有望在未来几年开始改变。这种方法已经在少数项目中得到了验证,包括麻省理工学院使用新加坡出租车车队的浮动车辆数据来预测排放量。

衡量运输改善计划对排放物和空气质量(包括先进的运输管理系统)影响的另一种方法是:在安装前后的相关区域建立一个普遍的空气污染传感器网络。然而,始终需要建模来预测各种方案的可能影响,以帮助选择首选方案,并构建商业案例,以确保资金来源。两种方法都是可取的,因为它提供了模型及其准确性的持续验证和改进方式,并且随着低成本、便携式排放传感器的出现,一旦对传感器进行了公正的基准测试,这种方法应该会变得很常见。

14.7 未来路线图和总结

作为物联网和交通领域研究、开发和示范的新兴领域,可以使用车辆到基础设施(Vehicle-to-Infrastructure,V to I)通信来减少拥堵和排放。最近 V to I 示范项目的两个例子是来自英国的 ACCRA 项目(Autonomous and Connected for CleaneR Air,ACCRA)和 GreenWave 项目。

ACCRA 项目试图整合空气污染传感器、物理基础设施和动态生成的地理围栏,并将其实时推送到现实世界中的移动车辆上。这个项目展示了一个整合了来自多个来源数据的系统,并将它们结合起来,以确定空气污染的问题区域。

然后,该系统能够识别出驶向该区域的车辆,并在车辆通过地理围栏区域时,让它们以最"干净"的可用模式运行。该解决方案面临着与前面所述相同的问题,因为它需要将与基础设施系统交互的车载技术渗透到车队中。使用物联网连接的地理围栏,促进车辆到基础设施、基础设施到车辆的连接,也已经在卡车上进行了演示,并于 2020 年在一些市场中推出。

Greenwave(绿波)项目涉及向商用重型货车(Heavy Goods Vehicle,HGV)驾驶员提供实时速度咨询信息。来自交通控制系统和驾驶员当前位置的实时数据用于计算行驶至绿灯处的最佳车速,从而避免大量排放的停车、启动和空转操作。在向驾驶员显示咨询信息的移动应用程序中,还给出了已实现绿波数量(即加入该项目)的评分,为驾驶员遵守咨询速度增加了额外的游戏化激励。该系统的预期效益包括 15% 的燃油效率和减少排放。其他类似的演示或模拟都已经报告了 5%～20% 的燃油效率效益。

将来,路边向驾驶员显示信息的物理基础设施(如交通信号和虚拟机)可能会被完全拆除,取而代之的是联网的车内显示器。要实现这一戏剧性的转变,就需要进一步发展车联网技术,同时全面向市场渗透。

当自动驾驶车辆实现时,通过所有车辆之间的通信和合作以及分布式交通管理软件,优化道路网络以减少拥堵和排放的机会将会大大增加。尽管自动驾驶汽车可能是零尾气排放的电动汽车,但轮胎的微粒排放可能会持续存在。在不使用刹车片的电动汽车中,完全再生制动将有助于减少刹车片的微粒排放。

综上所述,这个时代利用物联网设备、基础设施系统和建模方法进一步解决交通优化和城市空气质量问题。基于物联网的交通解决方案的最早的一个例子是自适应城市交通控制系统。它早在 20 世纪 80 年代"物联网已经减少了交通污染"这一说法出现之前就已经存在。先进的交通管理系统将城市交通控制与更广泛的传感器网络相结合,并具有与道路使用者直接通信的能力,进一步优化了道路网络。

然而,除了自适应城市交通控制系统之外,还需要更多基于现场测量的定量分析,以便为现有的定性证据提供有力的支持。此外,需要更多的示例来验证本章讨论的创新方法。

参考文献

第 15 章

总　　结

John Davies[1] *and Carolina Fortuna*[2]

1 British Telecommunications Plc, Ipswich, Suffolk, UK

2 Jožef Stefan Institute, Ljubljana, Slovenia

15.1　起源和演进

英国国家物理实验室（UK National Physical Laboratory）开展了一项开创性工作——创建一个更加弹性的网络，这既推动了 Arpanet 的发展，也形成了现今互联网的核心技术。在接下来的几十年里，互联网发展经历了许多阶段。

也许互联网上的第一个"杀手级应用"是电子邮件，紧随其后的是 Usenet 讨论组（当今基于 Web 的博客和论坛的前身），以及可以在互联网上分发、检索文档的应用程序 Gopher 等其他应用程序。

万维网浏览器和服务器的兴起意味着 Gopher 没有取得成功，而且 Web 迅速地成为了互联网上的主流应用。早些年，万维网主要是一种一对多的模式的应用，由单个用户发布信息，而其他用户可以访问和浏览信息。近年来，Web 2.0 的兴起见证了一种能帮助用户以多对多的方式创作网页内容的参与性模式。例如，维基百科中的"众包"，其核心框架与 Facebook 和 Twitter 等社交媒体系统类似，即允许用户社区提供所有相关内容。

以物联网（IoT）为代表的互联网应用正在向下一阶段演进，即将非人类"用户"（感知、发布、处理和消费数据的设备）直接连接到互联网。

15.2　为什么是现在

近年来，在经济和技术两方面因素的驱动下，物联网成为了支撑众多行业发展的重要使能技术。

15.2.1　成本下降和小型化

物联网兴起的一个关键因素就是互联设备的关键组件成本降低了。在批量购买关键物联网技术组件(如 Wi-Fi 发射器、GPS 芯片和微控制器)时,其成本可以降到很低。

15.2.2　社会挑战和资源效率

自然资源的高效使用变得越来越重要——人们越来越重视成本、供应链安全和可持续性。各国政府和各组织机构都在积极寻求提高其业务效率的技术解决办法。城镇化在全球范围内持续发展,城市建设是优化配置有限自然资源的高效方式。然而,城市是复杂的,如果要提供高质量的环境,就需要有效地管理。物联网在有效利用共享基础设施方面发挥着核心作用。

15.2.3　信息共享时代的到来

另一个驱动因素是,人们和组织机构越来越青睐于信息共享平台,如每天发送5 亿条推文,每分钟向 YouTube 共享 300h 视频内容。企业越来越多地使用此类平台与用户进行交互和共享信息。因此,越来越多的公众接受了信息共享平台的概念,物联网数据的成功使用也将依赖于此。此外,公共行政部门和公司越来越意识到在组织内部和组织间有效分享信息的价值。

15.2.4　管理的复杂性

如今,与其他参与者互动的规模和复杂性不断增加,这对许多公司都是一个挑战。在复杂、动态的市场中管理大量关系是很困难的。同样地,一个城市由一系列复杂、相互依存的系统组成,如今这些系统很难协调。因此,正如物联网的优势所在,实现组织内部和外部系统的有效可见性和控制能力正变得越来越有吸引力。

15.2.5　技术储备

从技术角度来看,物联网规模和连通性的实现取决于部署和操作所连接传感器、控制器和执行器的能力,而这些传感器、控制器和执行器既便宜又方便。正如我们所看到的,网络接入已经得到了迅速改善,一系列有线和无线接入技术可以提供广泛的覆盖范围。除了蜂窝网络和 Wi-Fi 网络外,适合机器对机器通信模式的低功率无线电技术正在变得可用。像云服务这样灵活的计算基础设施现在已经建立起来,并且能够在世界任何地区按需部署应用。

15.3　最大化数据价值

物联网展示了利用物理世界的价值,从而收集了大量自然和人造环境的丰富数据。在许多应用领域,准确及时的信息在有效决策中的价值越来越受到重视。

分开管理各系统间显性和隐性关系的重要性也变得越来越明显。尽管技术挑战依然存在,但目前物联网系统已在许多重要领域提供了很高价值。在本书中,我们已经讨论了数据在物联网生态基础上的中心地位。

正如我们所见,物联网涉及依赖于传感器部署和相关数据集的解决方案。随着物联网部署数量的不断增加,数据存在着碎片化危险。此外,有时候数据会形成"孤岛",这会阻碍数据共享,从而阻碍跨部门和地区的创新。

当具备足够的互操作性允许数据和服务进行交换时,可以减少数据碎片的生成。从20世纪90年代专用的移动电话系统,到如今几乎在世界任何地方使用的移动电话标准化移动网络,就是很好的示例。

同样地,当多个系统和平台能够互操作时,物联网的最大潜力将得到充分发挥。最近的一份报告估计,只有实现系统间的互操作性,才能释放物联网40%的潜在经济价值。

在许多领域的物联网系统已经可以使用一些标准和规范;在其他领域,该行业仍处于标准化之前的共识构建阶段。标准开发组织和其他机构活动水平的提高将解决物联网领域新需求所特有的问题。文献[4]给出了物联网标准工作现状的概述。

15.4　商业机遇

在未来五年左右,最大的业务收益将来自及时将正确的信息和见解传递给正确的人。在近年来商业智能发展的基础上,物联网数据分析将有力地推动实时经济,在这种经济中,资源配置更有效,商品和服务生产将按需进行,故障率更低,可预测性更好。这意味着不同行业的个性化需求将得到充分满足。

在服务业方面,不仅能更好地预测需求,还将学会在高度个性化的基础上提供合适的产品。

在零售业方面,可以形成更复杂的供应链,更深刻地了解消费者的偏好,定制产品的能力和线上、线下购买的体验。零售商将专注于趋势创造和偏好形成/品牌建设。

在制造业方面,将朝着实时、完整的系统监控和异常检测方向发展。组件之间的连接将越来越紧密,机器学习算法将使用实时数据流来构建预测模型,从而在问题发生之前预测问题,优化组件的寿命,减少人为干预,提高效率和有效性,降低成本。

在农业方面,数据将用来决定种植哪些作物、种植数量、种植地点,并将使种植过程更加高效。这将创造更高效的供应链、更好的食品,用更少的资源实现更可持续的发展。

交通、能源、汽车等其他行业也将受到类似的重大影响。

15.5　未来展望

谈到物联网的未来,网络物理系统(Cyber Physical System,CPS)是未来物联网的重要呈现方式。其中,物理和软件组件紧密地交织在一起。虚拟系统(例如,嵌入人类、动物、工业工厂等的传感器和执行器)和物理系统直接交互,嵌入式计算机通过反馈回路来监视和控制物理过程,物理过程会影响计算,反之亦然。如前面章节所述,人工智能也扮演了关键的角色。

最近人工智能技术的一些重大进展引起了广泛关注:谷歌的 DeepMind 技术创造了一个能够击败世界围棋冠军的系统,而 IBM 的 Watson 技术则能够击败所有人类竞争对手,在一个常识问答电视节目中获胜。同时,具有语音驱动接口虚拟助理的出现也成为了各界关注的焦点。

亚马逊(Amazon)的 Alexa 和三星(Samsung)的 Bixby 等系统允许用户发出口头命令来执行各种服务。例如,告知当前交通状况、在特定设备上播放特定音乐片段、播报新闻、订购日用品、提醒当天日程安排等。此外,人工智能技术在工业中的应用也越来越广泛。

例如,在算法金融交易中使用人工智能技术;DeepMind 与伦敦一家医院合作开发算法,在很少甚至没有任何人为干预的情况下,可以检测急性肾损伤和视力状况;工业设备所有者通过对设备中智能传感器中的数据进行收集和分析,可以最大限度地减少机器停机时间;在许多部门使用聊天机器人来提供个性化和自动化的客户服务支持;在电信领域,英国电信已经将人工智能技术用于优化整个组织中各种应用程序的劳动力调度。

这些进展都令人印象深刻,并且以后还会取得进一步发展。我们将会看到人工智能技术嵌入到越来越多的软件应用程序中,而且,物联网以及网络物理系统也在不断发展进步。

在人工智能技术应用的最新进展中,CPS 将嵌入比当前物联网系统更加自动化的推理和操作中,例如,自动驾驶车辆、下一代过程控制系统、人工保安、自动送货机器人等复杂机器人应用。CPS 有潜力提供新的协作工业应用程序,实时收集、共享和分析大量传感器数据,并使用这些数据进行自主智能决策,来驱动真实世界的物理设备。这里的一个关键研究问题是确保人工智能系统具有必要的自我意识,以便在需要时(例如,当出现超出其解决能力的异常情况时)向人类控制器发出警报。

此外,许多当前的物联网平台提供了人工智能集成的初步实例。以视频分析、图像识别和自然语言处理为代表的人工智能技术,允许组织从物联网和其他数据源中获取更大的数据价值。虽然物联网在一系列行业都提供了大量的有用数据,但嵌入人工智能应用可提供洞察力和智能。

然而,在计算机达到人类一般智能水平之前,仍然存在一些有待克服的挑战,因此,有必要保持一定程度的谨慎。具体来说,目前的两个主要挑战被称为脆性和可解释性。

脆性是指系统在面对无法解决的问题时,不能自适应调整。例如,DeepMind的围棋程序只能在 19 路×19 路的棋盘上进行,无法在 23 路×31 路的棋盘上对弈,而人类的专业玩家则能够根据更大棋盘上遇到的类似情况来调整策略和技术。人类适应知识并将其应用于新环境的能力是智慧的体现,并具有非常重要的价值。人工智能的各个子领域——特别是自动类比推理(Automated Analogical Reasoning)——正试图解决这一局限性,但目前仍有很长的路要走。

可解释性是指系统可以阐述推理和如何得出结论的能力。现在许多基于人工智能的系统都使用机器学习方法——使用大量训练样本来学习一系列规则,这些规则可以应用到新案例中。这是因为这些规则通常不是那么显而易见;相反,这些规则被有效地编码在"神经网络"中,并在某种程度上受到构成动物(包括人类)大脑的生物神经网络启发。这种网络由神经元组成,由神经元接收输入,并根据输入改变其内部状态,然后根据输入和内部状态输出数据。这种网络是通过将某些神经元的输出连接到其他神经元的输入而形成的。它包含了某种程度的智能,但通常这种智能不容易以人类可理解的形式展现出来,因此系统无法解释其推理过程。这与符号人工智能(Symbolic AI)不同:这里潜在的假设是(某方面)人工智能会作为符号控制的结果出现(如英语这种语言中的单词)。在这种方法中,知识被明确地表示出来。例如,这是人类能看懂的规则——如果患者出现胸痛、恶心、头晕和出汗症状,那么候选诊断是心肌梗死的概率为 0.7。对于这类系统来说,为相关结论提供解释较为容易。可解释性在两个方面很重要:首先,如果我们考虑人工智能的首要目标,则任何真正智能的人工产品不仅应该能够推理,而且应该能够自我解释;其次,如果人类要信任人工智能系统,则既需要能够理解已经得出的结论,也需要理解为什么会这样得出结论。例如,在物联网和 CPS 使用人工智能实现人类执行和决策的自动化过程中,人工智能的自我解释和知道何时应该服从人类尤其重要。

因此,随着人工智能技术优秀应用案例数量的增加,这些系统的能力也在不断提高。与此同时,要想完全实现人工智能还需要解决一些研究挑战。

综上所述,尽管目前物联网技术的应用令人兴奋,但随着物联网、消费服务和人工智能技术在自主化、洞察力和智能化方面的深度结合及应用,最重要和最能改变该领域游戏规则的发展将摆在我们面前。

参考文献

术语对照表

Authentication, authorization, and accounting, AAA　认证、授权和审计

Access control　访问控制

Access network　接入网

Actuator　执行器

Advanced Metering Infrastructure　先进计量基础设施

AI　人工智能

Air quality　空气质量

AMI　高级计量基础设施

Analytics　分析

Anonymization　匿名化

Artificial intelligence　人工智能

Blockchain　区块链

Botnet　僵尸网络

Carbon footprint　碳足迹（碳排放量，某个时间段内日常活动排放的二氧化碳量）

Catalogue, data　目录、数据

Cloud computing　云计算

Collective intelligence　群体智能

Congestion　交通拥堵

Connectivity　连接

Containerisation　集装箱化（集装箱式运输）

CPS　信息-物理系统

Crowdsourcing　众包

Crowdsourcing platform　众包平台

Cyber-physical system　信息物理系统（综合计算、网络、物理环境的多维复杂系统）

Data aggregation　数据聚合

Data compression　数据压缩

Data mining　数据挖掘

Data monetisation　数据货币化

Data platform　数据平台

Data Stream Management System　数据流管理系统

Data summarization　数据摘要

DCAT　数据目录词汇表

DDOS　分布式拒绝服务

Deep learning　深度学习

Device management　设备管理

Digital Twins　数字孪生

Dimensionality reduction　降维

Discovery, data　发现、数据

Distributed Denial of Service　分布式拒绝服务

Distributed Ledger Technology　分布式账本技术

Distributed reasoning　分布式推理

Drones　无人机

DSMS　数据流管理系统

Ecosystem　生态系统

Edge computing　边缘计算

Edge processing　边缘处理

Feature detection　特征检测

Fog computing　雾计算

5G　第五代移动通信技术

General Data Protection Regulation, GDPR　通用数据保护条例

Healthcare　医疗保健

HEMS　家庭能源系统

Human in the Loop, HITL　人机回路

Home Energy System　家庭能源系统

Hypercat　Hypercat 标准

Image interpretation　图像解析

Image processing　图像处理

Image recognition　图像识别

Internet of Things Ontology, IoT-O　物联网本体

Interoperability　互操作性

Kappa architecture　Kappa 架构

Knowledge graphs　知识图谱

Lambda architecture　Lambda 架构

Latency　延迟

LORA, LORAWAN　LORA 协议

Machine Learning　机器学习

Machine Vision　机器视觉

MEC　移动边缘计算

Mesh networks　Mesh 网络